Eine Zusammenstellung des Inhaltes der Hefte 1 bis 100 der Mitteilungen über Forschungsarbeiten zugleich mit einem Namen- und Sachver-
zeichnis wird auf Wunsch kostenfrei von der Redaktion der Zeitschrift des
Vereines deutscher Ingenieure, Berlin N.W., Charlottenstr. 43, abgegeben.

Heft 101. Hanßel: Versuche an einer Dreifach-Expansions-Dampfmaschine.
Heft 102. Ellon: Versuche zur Bestimmung der Strömung im Laufrad und Saugrohr
einer Francis-Schnelläuferturbine.

Versuche mit Dampfentölern, durchgeführt in der dampftechnischen Ver-
suchsanstalt des Bayerischen Revisionsvereines in München.

Heft 103. Constam und **Schläpfer:** Ueber den Einfluß der flüchtigen Bestandteile fester
Brennstoffe auf den Wirkungsgrad von Kesselanlagen mit Innenfeuerung.

Bezugsbedingungen:

Preis des Heftes 1 Mk;
(zu beziehen durch Julius Springer, Berlin N. 24)
für Lehrer und Schüler technischer Schulen 50 Pfg
(zu beziehen gegen Voreinsendung des Betrages vom Verein deutscher Ingenieure, Berlin N.W. 7,
Charlottenstraße 43).

Mitteilungen

über

Forschungsarbeiten

auf dem Gebiete des Ingenieurwesens

insbesondere aus den Laboratorien
der technischen Hochschulen

herausgegeben vom

Verein deutscher Ingenieure.

Heft 104.

Springer-Verlag Berlin Heidelberg GmbH

ISBN 978-3-662-01887-3   ISBN 978-3-662-02182-8 (eBook)
DOI 10.1007/978-3-662-02182-8

Inhalt.

Die Kugelfallprobe.

Von Dipl.-Ing. **John J. Schneider.**

Im weitesten Sinne umfaßt das Härteproblem die Aufgabe, gewisse Festigkeitseigenschaften eines Körpers so zu bestimmen, daß auf Grund der gewonnenen Erkenntnis sein Verhalten gegenüber dem Eindringen eines andern Körpers im voraus auf rechnerischem Wege ermittelt werden kann.

Eine vollkommene und erschöpfende Lösung dieser Frage hätte sich auf jede mögliche Art einer Eindringungsbeanspruchung zu erstrecken, d. h. ohne einschränkende Voraussetzungen hinsichtlich der Begleiterscheinungen, unter welchen die Beanspruchung erfolgt: der geometrischen Gestalt der beiden in Berührung tretenden Körper, oder der Richtung und Geschwindigkeit der Eindringungsbewegung.

Daß diese umfassende Erkenntnis der Härteeigenschaften eines Stoffes durch eine oder auch mehrere ihm eigentümliche Stoffkonstanten — die aus irgend einem Härteprüfungsverfahren zu gewinnen wären — festgelegt werden könnte, ist nicht anzunehmen; denn die Härteprüfverfahren bestehen immer in einem Vergleich der Stoffe nach ihrem Verhalten bei einer bestimmten, möglichst einfachen Härtebeanspruchungsform. Die Möglichkeit, aus den durch das Verfahren erkannten, sogenannten Härteeigenschaften, das Verhalten eines Stoffes bei einer andern Art einer Eindringungsbeanspruchung beurteilen zu können, ist an die Voraussetzung gebunden, daß sich der Einfluß jeder Begleiterscheinung für jeden Stoff in gleicher Weise geltend macht.

Die allgemeine Erkenntnis des molekularen Aufbaues der Stoffe und die bisherigen vergleichenden Festigkeitsuntersuchungen, im besondern vergleichende Härteuntersuchungen, lassen diese Voraussetzung unhaltbar erscheinen.

Deshalb wird auch ein Vergleich der aus zwei verschiedenen Verfahren erkannten Härteeigenschaften nicht immer eine Beziehung, die lediglich auf die beiden Verfahren eigentümlichen Begleiterscheinungen zurückzuführen wäre, erkennen lassen [1].

So lange aber eine solche Beziehung nicht festzustellen ist, kann auch das eine Verfahren nicht willkürlich durch das andre ersetzt werden.

Es ist die Aufgabe der wissenschaftlichen Härteuntersuchung, den Einfluß der verschiedenen Begleiterscheinungen einer Härtebeanspruchungsform auf das Verhalten der einzelnen Stoffe zu erforschen. Die Kenntnis dieses Einflusses wird dazu führen, dem Anwendungsgebiet der Ergebnisse eines Härte prüfverfahrens engere Grenzen als bisher zu ziehen und mehr die Wahl des Verfahrens von der in der Praxis zu erwartenden Beanspruchungsform abhängig

---

[1] Vergl. z. B. Kugeldruckhärte und Ritzhärte.

zu machen. Dieses ist insbesondere von der Kenntnis des Einflusses der oben als letzter erwähnten Begleiterscheinung, der Geschwindigkeit der Eindringungsbewegung, zu erwarten.

Schon Kick[1]) hat darauf hingewiesen, »daß sich die verschiedenen Materialien bei den gleichartigen Formänderungen in bezug auf den Einfluß der zur Formänderung gebrauchten Zeit (bezugsweise Geschwindigkeit) verschieden verhalten.«

Die Bestätigung dieser Erfahrung hat die Notwendigkeit dynamischer Festigkeitsproben im Materialprüfungswesen zur Folge gehabt.

Da anzunehmen ist, daß dieser Einfluß der Geschwindigkeit auch bei den Formänderungen, bei denen Härteeigenschaften in Frage kommen, für verschiedene Stoffe verschieden ist, so erscheint es bedenklich, aus einer statisch ermittelten »Härte« auch nur angenäherte Schlüsse auf das Verhalten eines Körpers gegenüber einer dynamischen Härtebeanspruchung zu ziehen; man wird daher von vornherein das Anwendungsgebiet eines statischen Härteprüfverfahrens auf Fälle beschränken müssen, in denen auch in der Praxis die statische Beanspruchung zu erwarten steht[2]).

Im Sinne einer erweiterten Erkenntnis der Härteeigenschaften eines Körpers scheint also ein dynamisches Härteprüfverfahren geboten.

Zweckmäßig wird man eine schon bestehende statische Probe, über die bereits Erfahrungen vorliegen, als dynamisches Verfahren ausbilden. Es wird dann vielleicht möglich sein, aus einem Vergleich der aus beiden Verfahren erkannten Härteeigenschaften den Einfluß der Geschwindigkeit für die verschiedenen Körper festzustellen.

Von Versuchen in dieser Richtung — die schon deshalb angestellt wurden weil die dynamische Probe weniger versuchstechnische Schwierigkeiten als die statische bietet — sind mir zwei bekannt geworden, nämlich die Arbeiten von Brinell[3]) über eine »Kugelstoßprobe« und die von Ludwik[4]) und Geßner[5]) über eine »Kegelstoßprobe«, zwei dynamische Proben, die teils als Ersatz, teils als Ergänzung der entsprechenden statischen, schon eingeführten Proben, der »Kugeldruckprobe« und der »Kegeldruckprobe« gedacht waren.

Brinell schreibt: »Die Versuche wurden dabei so ausgeführt, daß zuerst eine gewöhnliche Kugelprobe (ruhige Belastung = 3000 kg) gemacht wurde. Hierauf wurde durch wiederholte Versuche die Fallhöhe ermittelt, welche bei Fallversuchen mit einem Gewichte des Bären von 5 kg notwendig war, um mit einer 10 mm-Kugel einen ebenso großen Eindruck wie bei ruhiger Belastung zu erreichen. Bei Versuchen mit Eisen von 0,10 vH Kohlenstoffgehalt entsprach demnach eine Schlagarbeit von 2,25 mkg einer ruhigen Belastung bis zu 3000 kg. Man wäre geneigt, anzunehmen, daß dieses Verhältnis auch für die übrigen Kohlenstoffgehalte gelte; diese Annahme wurde aber durch die ausgeführten Versuche vollständig widerlegt.«

Die vergleichenden Kegeldruck- und Kegelstoßproben Ludwiks ergaben, »daß das Verhältnis der Kegeldruckhärte zur Kegelstoßhärte bei demselben

---

[1]) »Das Gesetz der proportionalen Widerstände«, Leipzig 1885, Artur Felix, S. 87.

[2]) Es ist vielleicht in diesem Zusammenhange verständlich, daß Stahlschienen, die nach einem statischen Verfahren (Kugeldruckprobe) gleiche Härte zeigen, sich oft in der Praxis, wo sie den hämmernden (also dynamischen) Einwirkungen der Räder ausgesetzt sind, gänzlich verschieden bewähren.

[3]) Brinell und Dillner: »Die Brinellsche Härteprobe und ihre praktische Verwendung«, Brüsseler Kongreß 1906 S. 5 u. f.

[4]) »Ein neues Verfahren zur Härtebestimmung von Materialien«, Berlin 1908, Julius Springer.

[5]) »Härtebestimmung mittels der Ludwikschen Kugelprobe unter Stoßwirkung«, Zeitschr. d. österr. Ing.- und Arch.-Vereins 1907 Heft 46.

Stoff innerhalb der beobachteten Grenzen von der Fallhöhe ziemlich unabhängig ist, bei verschiedenem Materiale jedoch im allgemeinen recht ungleich sein kann«, eine Beobachtung, die sich mit den Kickschen Angaben über Schlagversuche (a. a. O. S. 87) völlig deckt.

Die Versuche Brinells und Ludwiks bestätigen also die Auffassung, daß auch bei den Härteerscheinungen die Geschwindigkeit einen Einfluß, und zwar einen für die einzelnen Stoffe verschiedenen, ausübt.

Bei der Bewertung der aus diesen dynamischen Härteprüfverfahren gewonnenen Härtezahlen wird man aber berücksichtigen müssen, daß wie bei allen Schlagversuchen auch hier Aufwendungen an Reibungs- und Erschütterungsarbeit großen Einfluß auf die Ergebnisse gehabt haben können.

In der vorliegenden Arbeit ist zur Untersuchung der »dynamischen Kugelprobe« eine andre als die von Brinell verwandte Versuchsanordnung gewählt.

Die Kugel wurde nicht durch die lebendige Kraft eines Bären in den zu prüfenden Stoff eingetrieben, sondern es wurde die kinetische Energie der freifallenden Kugel selbst verwandt, um eine bleibende Formänderung hervorzubringen.

Es soll diese Versuchsanordnung zum Unterschiede von der Kugelstoßprobe Brinells als »Kugelfallprobe« bezeichnet werden.

Die Vorteile dieser Versuchsanordnung gegenüber der Brinells sind im wesentlichen folgende:

1) Ein weit kleineres Bärgewicht. Bei Verwendung einer 10 mm-Kugel ist das Gewicht des »Bären« etwa 4 g. Es ist also leicht möglich, durch Verwendung größerer Probestücke ein zur Vermeidung von Erschütterungen günstiges Massenverhältnis zwischen der schlagenden und geschlagenen Masse zu erzielen.

2) Der Fortfall jeder Führung. Die freifallende Kugel braucht nicht geführt zu werden. Reibungsverluste könnte also nur die Reibung an der Luft verursachen.

3) Die Möglichkeit, die Höhe des »Prellschlags« zu berücksichtigen. Ähnlich dem Verhalten eines Bären beim Schlagversuch springt die freifallende Kugel nach dem Auftreffen zurück. Die Höhe dieses Zurücksprungs kann bei der Kugelfallprobe an einer Teilung abgelesen und in Berücksichtigung gezogen werden.

Hiernach ist von vornherein zu erwarten, daß die Ergebnisse der Kugelfallprobe zuverlässiger als die der Kugelstoßprobe sein werden, und daß ein etwaiger Einfluß der Geschwindigkeit der Eindringungsbewegung ohne ausschlaggebende Nebeneinflüsse zur Geltung kommen wird.

Schon deshalb scheint eine Untersuchung der Kugelfallprobe von Bedeutung zu sein. Dazu kommt aber noch ein zweiter Gesichtspunkt. Im Anschluß an die Untersuchung der oben angedeuteten Aufgabe wird sich Gelegenheit bieten, auf die neuerdings angeregte Frage einzugehen, ob die Höhe des Zurücksprungs einer aus einer bestimmten Höhe fallenden Kugel Schlüsse auf die Härte des getroffenen Stoffes zuläßt.

A. F. Shore[1]), von dem diese Anregung ausgeht, vertritt in seinen Veröffentlichungen die Ansicht, daß die Sprunghöhe bei gleicher Fallhöhe ohne

---

[1]) »An instrument for testing hardness«, American Machinist November 1907. — »Hardness in steel and its variations«, American Machinist Mai 1908. — »Remarkable facts in tempering tool steels«, American Machinist März 1909. — »The analysis of steel by mechanical means«, American Machinist Juli 1909. — »The scleroscope on automobile work«, American Machinist Januar 1910.

weiteres einen Härtemaßstab bildet, und sucht durch zahlreiche Beispiele zu beweisen, daß diese Annahme zu Ergebnissen führt, die in keinem Widerspruch mit den Erfahrungen der Praxis stehen.

Im Anschluß an die Shoreschen Arbeiten veröffentlicht Freminville eine Reihe von Versuchen[1]), die eine planmäßige Untersuchung des Einflusses von Einzelheiten der Versuchsanordnung auf die Sprunghöhe bezwecken; so des Einflusses der Fallhöhe, des Kugelstoffes, des Probestoffes, der Masse, der Probestücke, der Beschaffenheit ihrer Oberfläche und der Art der Auflage der Probe.

Als Ergänzung der Fréminvilleschen Versuche berichtet Breuil[3]) über den Einfluß der Kugeldurchmesser auf den Zurücksprung der Kugel.

Mesnager[2]) vergleicht für eine Anzahl Stoffe Brinell-Härtezahlen $\left(H = \dfrac{P}{D\pi h},\right.$ worin $P = 3000$ kg und $D = 10$ mm) mit den Sprunghöhen (Fallhöhe $H_1 = 250$ mm, $D = 8{,}5$ mm)[3]).

Eine Reihe andrer Arbeiten[4]) beschäftigt sich, ähnlich wie die Shoreschen Veröffentlichungen mit der praktischen Verwendbarkeit dieser neuen »Härteprüfungsmethode«.

Vom Standpunkte einer einwandfreien Beantwortung der durch Shore angeregten Frage ist gegen alle diese Veröffentlichungen über den Zurücksprung einzuwenden, daß sie die Formänderungen im Probematerial unbeobachtet und unberücksichtigt lassen. Denn es wird zuerst gezeigt werden müssen, daß der Zurücksprung ein Maß für die Beziehung zwischen Arbeitsaufwand und Formänderung im Material ist. Erst damit wäre die Berechtigung, den Zurücksprung als Härtemaßstab anzusehen, erwiesen.

Es ist also von einer Untersuchung der Kugelfallprobe — neben Aufschlüssen über den Einfluß der Eindringungsgeschwindigkeit — eine experimentelle Prüfung der Shoreschen Annahmen zu erwarten.

Besonderes.

Der von mir benutzte Kugelfallapparat ist nach meinen Angaben von R. Fueß, Steglitz-Berlin ausgeführt, s. Fig. 1.

Der Unterbau besteht aus dem schweren, gußeisernen Dreifuß *a*, auf welchen der zu prüfende Körper *b* gelegt wird. Durch zwei Stellschrauben *c* im Dreifuß ist eine wagerechte Einstellung der Oberfläche des Probestückes ermöglicht. Mit dem Dreifuß *a* ist die Stativstange *d* verschraubt, auf welcher drei Schieber *e, f, g* — in lotrechter Richtung beweglich — angeordnet sind. Der oberste Schieber *e* enthält die Auslösvorrichtung *h* für die Kugel *i*. Vorversuche ließen eine Irisblende, wie sie bei den meisten photographischen Apparaten benutzt wird, als Auslösvorrichtung am zweckmäßigsten erscheinen, denn die wagerecht angebrachte Irisblende ermöglicht ein vollkommen gleichzeitiges Loslassen der

---

[1]) »Remarques sur les rebondissements d'une bille«. Revue de Métallurgie Juni 1908. — »Influence des vibrations dans les phénomènes de fragilité«. Revue de Métallurgie März 1906.

[2]) Siehe die der Fréminvilleschen Arbeit folgende »Discussion de la communication précédente«.

[3]) Auf das Willkürliche und deshalb Vergebliche dieses Vergleiches komme ich später zurück.

[4]) Ed. Maurer: »Untersuchungen über das Härten und Anlassen von Eisen und Stahl«, Metallurgie 1909 Heft 2. — Turner: »Notes on testes for hardness«, Engineering Juni 1909. — G. Nidecker: »Instrument zum Prüfen und Messen der Härte von Metallen und Materialien und auch von gehärtetem Stahl«, Zeitschrift für Werkzeugmaschinen und Werkzeuge März 1908. — Springer: »The Shore Scleroscope«, Iron Age August 1908.

Kugel auf einem wagerechten Umfang. Es ist anzunehmen, daß diese Anordnung am besten verhindert, daß die Auslösvorrichtung der sie verlassenden Kugel ein Drehmoment erteilt.

Das Oeffnen der Irisblende geschieht durch den Auslöser k.

Am untersten Schieber g befindet sich die Vorrichtung l zum Abfangen der Kugel nach ihrem ersten Zurücksprung, um ein zweites Auftreffen der Kugel auf das Probestück zu vermeiden. Die Vorrichtung l besteht in einer

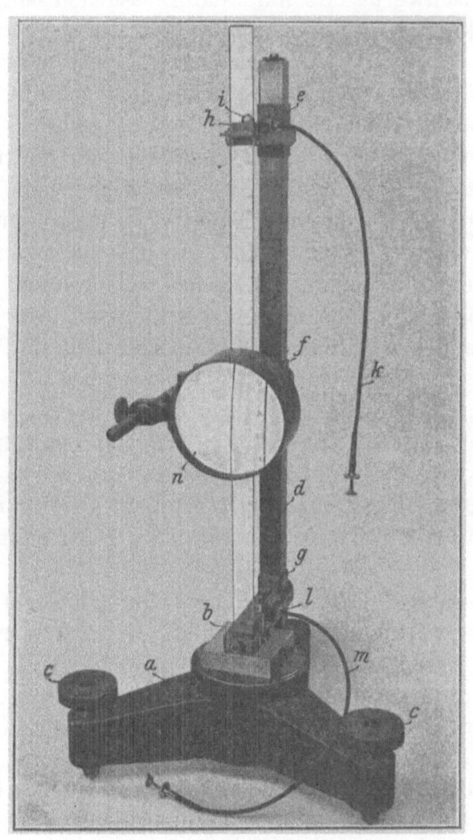

Fig. 1.

kleinen Platte, die, durch den Auslöser m betätigt, sich als schiefe Ebene in den Weg der fallenden Kugel legt und sie nach der Seite ablenkt.

Der Schieber g ist mit einer Bohrung versehen, durch welche die Kugel auf das Probestück fällt.

Vor der Fallinie der Kugel ist ein Glasstab mit Millimeterteilung angebracht, der mit dem Schieber g fest verbunden ist, durch den obersten Schieber e aber in lotrechter Richtung geführt wird.

Der mittlere Schieber f trägt die Lupe n, vermittels der die Sprunghöhen abgelesen werden.

Für die Ausführung der Versuche wurde der Apparat auf eine schwere Richtplatte gestellt.

Der Gang einer Kugelfallprobe mit Hülfe des Apparates ist folgender:

Das planparallel bearbeitete Probestück wird auf den Dreifuß gelegt und seine Oberfläche mit Hülfe einer Wasserwage wagerecht gerichtet. Der Schieber g

wird dann in Berührung mit dem Probestück gebracht und der Schieber *e* nach den Angaben der Teilung auf die gewünschte Fallhöhe eingestellt. Durch ein paar Vorversuche wird die Sprunghöhe, die ungefähr zu erwarten steht, ermittelt und der Schieber *f* mit der Lupe *n* auf die entsprechende Höhe eingestellt. Aus optischen Gründen empfiehlt es sich, zur bequemen Ablesung der Sprunghöhe den höchsten Punkt der zurückspringenden Kugel ins Auge zu fassen. Die einfache Berichtigung der Ablesung im Sinne der festzustellenden Bewegung des Kugelschwerpunkts muß dann natürlich vorgenommen werden. Mit einiger Uebung kann so die Sprunghöhe auf 1 mm genau abgelesen werden.

Der eigentliche Versuch wird dann in der Weise ausgeführt, daß mit der einen Hand die Irisblende geöffnet, sodann die Beobachtung des Zurücksprungs gemacht und zur gleichen Zeit mit der andern Hand die Vorrichtung zur Ablenkung der Kugel betätigt wird. Daran schließt sich die mikroskopische Ausmessung des entstandenen Kugeleindrucks. Der beschriebene Apparat ist für Versuche mit Fallhöhen bis zu 400 mm und Kugeln von 4 bis 6 mm Dmr. verwendbar.

Im Laufe der ersten Versuche stellte es sich als wünschenswert heraus, zu größeren Fallhöhen und Kugeln übergehen zu können. Es kam deshalb noch ein zweiter, nach ähnlichen Gesichtspunkten gebauter Apparat[1]) zur Verwendung, der Versuche mit Fallhöhen bis zu 2000 mm und mit Kugeln bis zu 20 mm Dmr. zuließ.

Bei dieser zweiten Ausführung wurde die Stativstange mit der Auslösvorrichtung und der Teilung auf einen besondern, mit Stellschrauben versehenen Dreifuß geschraubt. Hierdurch ist eine von der wagerechten Ausrichtung der Probenoberfläche unabhängige, lotrechte Einstellung der Teilung ermöglicht, und es kann deshalb von einer genauen planparallelen Bearbeitung des Probestückes abgesehen werden.

Sind die Bedingungen erfüllt, daß die Teilung lotrecht eingestellt und die Probenoberfläche wagerecht ausgerichtet sind, so wird der Zurücksprung mit Sicherheit senkrecht, längs der Teilung, erfolgen.

In besondern Fällen, in denen die Probestücke hinreichend planparallel bearbeitet waren, wurden diese bei Versuchen an dem zweiten Apparat ohne weiteres auf die oben erwähnte Richtplatte gelegt. Eine annähernd planparallele Bearbeitung wurde bei allen Probestücken vorgenommen. Die eine bearbeitete Fläche sollte eine möglichst innige Verbindung in allen ihren Punkten mit der Unterlage gewährleisten, während die andre, als die zu untersuchende Oberfläche, möglichst fein poliert wurde.

Bezüglich der Größe der verwandten Probestücke wurden die Erfahrungen von Fréminville und Maurer über den Einfluß der Masse des Probestückes auf die Arbeitsverluste durch Erschütterungen berücksichtigt.

Es wurden nur Probestücke von größerer Masse verwandt (Zahlentafel I).

Ich ging meistens über die von Maurer[2]) gestellte Forderung, daß das Probestück zur Vermeidung von Erschütterungen mindestens das 40- bis 50 fache des Gewichtes der Kugel betragen sollte, noch erheblich hinaus.

Für die grundlegenden Versuche wurden nur Körper, deren Oberflächen eine möglichst gleichmäßige Härte aufwiesen, verwandt, um bei einer größeren Anzahl von Versuchen miteinander vergleichbare Werte erhalten zu können[3]).

Zahlentafel I.
Uebersicht der untersuchten Stoffe.

Lfd. Nr.	Bezeichnung	Stoff	Abmessungen der Probestücke mm	Gewichte der Probestücke kg	Bemerkungen
1	Gl.	Glas	16×70×70	0,25	Spiegelglas
2	Gl. II	»	15×85×90	—	feinschlieriges Schwerflint
3	Gl. III	»	17×70×105	—	» Borosilikat Kron
4	Gl. IV	»	15×90×90	—	» schwerstes Baryt Kron
5	Fl. I	Flußeisen	50×80×90	3	
6	Fl. II	»	60×70×70	2,3	Analyse: C 0,09, Si 0,09, Mn 0,18, P 0,011, S 0,010, [Cu 0,020 vH, Rest: Eisen
7	M. I	Messing	36×60 Dmr.	0,9	
8	M. II	»	100×132 »	11,5	Analyse: Cu 69,38, Zn 27,09, Z 21,20, Pb 1,07, Fe 1,12 vH
9	M.III	»	45×145 »	6	Analyse: Cu 75,16, Zn 23,73, Z 21,02 vH
10	W. I	Werkzeugstahl	40×55×65	1	
11	W. II	»	50×80 Dmr.	2	
12	D.-M.	Deltametall	55×60×100	3	
13	Sch.-St.	Schienenstahl	60 mm Höhe	2,3	Brinellprobe: 19 mm Kugel; bei 50000 kg Belastung (2 Min.) Eindrucktiefe 0,516 cm
14	Ni.-St.	Nickelstahl	40×65×120	2,5	Analyse: C 0,087, Si 0,217, Mn 0,59, P 0,01, S 0,028, Cu 0,115, Ni 5,485 vH, Rest: Eisen
15	Aet.-M.	Aeterna-Metall	30×35×75	0,6	Aussehen nach Messing
16	Cu. I	Kupfer	15×60 Dmr.	0,4	} untersucht, nachdem zusammen bei 460⁰ C aus-
17	Cu. II	»	15×60 »	0,4	geglüht
18	Cu. III	»	50×70 »	1,6	Elektrolytkupfer (gegossen und gewalzt)
19	Cu. IV	»	50×150×150	10,4	(gegossen)
20	Al.	Aluminium	30×100×100	—	
21	Zn.	Zink	55×55×110	—	
22	Bi.	Wismut	25×40 Dmr.	0,4	Beobachtung des Kugeleindruckdurchmessers
23	Pb.	Blei	35×70 »	1,7	nicht mit genügender Genauigkeit durchführbar.
24	L.-M.	Lagermetall (Weißmetall)	40×70 »	1,25	Versuche beschränkten sich deshalb auf Beobachtung der Zurücksprünge
25	H.-G.	Hartgummi	15×100×100	0,3	
26	Guß. I	Gußeisen, graues	30×30×60	0,4	
27	Guß. II	» weißes	25×50×60	0,5	

Die meisten untersuchten Körper stammen aus dem Königlichen Material-Prüfungsamt, Groß-Lichterfelde-West. Einzelne wurden mir von industrieller Seite zur Verfügung gestellt, und zwar die Glasarten (Gl. II, Gl. III, Gl. IV) von Schott & Gen., Jena, das elektrolytische Wismut von G. Throm in Gießen, das elektrolytische Kupfer (Cu III und Cu IV) von Heckmann in Duisburg und das Flußeisen Fl. II von F. Krupp in Essen. Ich spreche auch hier den erwähnten Firmen für dieses Entgegenkommen meinen verbindlichsten Dank aus.

Zahlentafel I enthält eine Uebersicht der untersuchten Stoffe mit näheren Angaben der Abmessungen der verwandten Probestücke, ihrer Gewichte, ihrer chemischen Analysen — soweit sie bekannt — und sonstiger Einzelheiten.

Die benutzten Kugeln sind gehärtete Stahlkugeln von ausgesuchter Güte, die von der Kugelfabrik Fischer, Schweinfurt, geliefert wurden.

Messungen mittels einer Mikrometerschraube auf Unrundung der Kugeln ergaben Abweichungen in den verschiedenen Durchmessern von nicht mehr als $^1/_{1000}$ mm; die mittleren Durchmesser der Kugeln waren meistens etwas kleiner als angegeben, die Abweichung beschränkt sich aber auf nicht mehr als $^1/_{1000}$ mm.

Die Gewichte der Kugeln entsprachen mit großer Genauigkeit den aus Durchmesser und spezifischem Gewicht berechneten.

Eine nach den Versuchen vorgenommene mikroskopische Untersuchung und Messung der Durchmesser mittels Zeißschen Dickenmessers ergab keine zu beobachtende bleibende Formänderung der Kugel.

Die Messung der Durchmesser der Kugeleindrücke geschah mit Hilfe eines Zeißschen Komparators, der $^1/_{1000}$ mm abzulesen gestattet. Meistens konnte ich mich mit dem Mittelwert aus zwei Messungen von zwei zueinander senkrecht stehenden Durchmessern begnügen. In Fällen besonderer Unrundung der Kugeleindrücke wurden die Messungen auf 4 Durchmesser ausgedehnt und hieraus der Mittelwert gebildet. Zur Messung der Eindrucktiefen diente der oben erwähnte Zeißsche Dickenmesser. Der Apparat gestattet, die senkrechten Verschiebungen einer Stahlspitze auf $^1/_{1000}$ mm genau abzulesen.

Die Messungen wurden in der Weise vorgenommen, daß die messende Stahlspitze einige Millimeter außerhalb des Eindruckrandes (Punkt *a*) mit dem Probestück in Berührung gebracht wurde, siehe Fig. 2. Dann wurde durch Verschieben des Probestückes die Stahlspitze nacheinander mit einem Punkte *b* in möglichster Nähe des Eindruckrandes, dem tiefsten Punkt *c* der Eindruck-

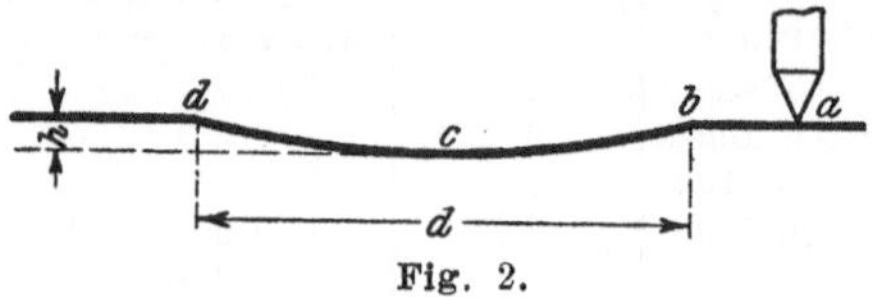

Fig. 2.

kalotte, und dann wieder mit einem Punkte *d* des gegenüberliegenden Eindruckrandes in Berührung gebracht und die entsprechenden Ablesungen gemacht. Aus den Ablesungen bei *b* und *d* wurde der Mittelwert gebildet und hiervon der bei *c* abgelesene Wert abgezogen. Der Unterschied ist also die Eindrucktiefe unter Berücksichtigung einer etwaigen Randbildung (Wulst oder Einsenkung).

Einzelmessungen am selben Kugeleindruck ergaben, daß die Beobachtungsfehler bei diesem Verfahren zur der Messung der Eindrucktiefe bis zu $^1/_{500}$ mm betragen können.

Bestimmung der „dynamischen Härte" von Glas nach den Hertzschen Gleichungen.

Drückt man eine Kugel vom Halbmesser *r* mit einer Kraft *P* an eine Platte, so bestehen, so lange die Elastizitätsgrenze nicht überschritten wird, nach Hertz [1] die Beziehungen:

$$\alpha = \sqrt[3]{\left(\frac{3}{16}\right)^2 \frac{P^2 (\vartheta_1 + \vartheta_2)^2}{r}} \quad \ldots \quad \ldots \quad (1).$$

$$a = \sqrt[3]{\frac{3}{16} P (\vartheta_1 + \vartheta_2) r} \quad \ldots \quad \ldots \quad (2).$$

$$\sigma_0 = \frac{3}{2\pi} \sqrt[3]{\left(\frac{16}{3}\right)^2 \frac{P}{r^2 (\vartheta_1 + \vartheta_2)^2}} \quad \ldots \quad \ldots \quad (3).$$

Hierin bedeutet:

α die Annäherung in Richtung der Normalen

a den Eindruckhalbmesser

σ_0 den Normaldruck in der Mitte der Druckfläche

ϑ_1, ϑ_2 Elastizitätskoeffizienten $\left(\vartheta = 4 \frac{m^2 - 1}{m^2 E}\right)$.

Hertz definiert:

»Die Härte eines Körpers wird gemessen durch den Normaldruck auf die Flächeneinheit, welcher im Mittelpunkt einer kreisförmigen Druckfläche herrschen

---

[1] »Ueber die Berührung fester elastischer Körper und über die Härte«, Ges. Werke Bd. I, J. A. Barth, Leipzig.

muß, damit in einem Punkte des Körpers die Spannungen eben die Elastizitätsgrenze erreichen.«

Für eine Kugel, welche mit dem Arbeitsaufwand A an eine Platte gepreßt wird, erhält man aus den gegebenen Druckgleichungen durch Integration von

$$A = \int_0^\alpha P\,d\alpha = \int_0^\alpha \frac{16}{3} \frac{\sqrt{r}}{\vartheta_1 + \vartheta_2} \alpha^{3/2}\,d\alpha = \frac{32}{15} \frac{\sqrt{r}}{\vartheta_1 + \vartheta_2} \alpha^{5/2} \quad \ldots \quad (4)$$

die entsprechenden Arbeitsgleichungen:

$$\alpha = \sqrt[5]{\left(\frac{15}{32}\right)^2 \frac{A^2 (\vartheta_1 + \vartheta_2)^2}{r}} \quad \ldots \ldots \ldots \quad (1\,\text{a}),$$

$$a = \sqrt[5]{\frac{15}{32} A (\vartheta_1 + \vartheta_2) r^2} \quad \ldots \ldots \ldots \quad (2\,\text{a}),$$

$$\sigma_0 = \frac{8}{\pi} \sqrt[5]{\frac{15}{32} \frac{A}{(\vartheta_1 + \vartheta_2)^4 r^3}} \quad \ldots \ldots \ldots \quad (3\,\text{a}).$$

Es entsteht die Frage, ob diese Beziehungen, die für die statische Berührung elastischer Körper gelten, auch für den Stoß Gültigkeit haben.

Hertz selbst schreibt hierzu (a. a. O. S. 170):

»Sowohl aus schon vorhandenen Beobachtungen als auch aus den Resultaten der gleich anzustellenden Betrachtungen folgt, daß die Stoßzeit, d. h. die Zeit, während welcher die stoßenden Körper in Berührung sind, wenn auch absolut sehr klein, doch sehr groß ist im Verhältnis zu derjenigen Zeit, welche elastische Wellen nötig haben, um in den in Rede stehenden Körpern Längen von der Ordnung desjenigen Teiles der Oberflächen zu durchlaufen, welche beiden Körpern in ihrer größten Annäherung gemeinsam ist, und welche wir die Stoßflächen nennen wollen[1]). Daraus folgt, daß der elastische Zustand beider Körper

---

[1]) Nach Hertz (a. a. O. S. 171) ergibt sich — so lange die Elastizitätsgrenze nicht überschritten ist — die Stoßdauer, d. h. die Zeit, während welcher die Kugel und Platte in Berührung bleiben, für die Kugelfallprobe, wie folgt.

Es sei:

v_0 die Geschwindigkeit der Kugel unmittelbar vor dem Auftreffen

α die Annäherung in Richtung der Stoßnormalen

$v = \dfrac{d\alpha}{dt}$ die Ableitung nach der Zeit

α_m die größte Annäherung.

Für jeden Augenblick im Verlaufe des Eindringens der Kugel ist

$$\frac{m}{2} v_0^2 = \frac{32}{15} \frac{\sqrt{r}}{(\vartheta_1 + \vartheta_2)} \alpha^{5/2} + \frac{m}{2} v^2$$

oder

$$\text{Gl. (I)} \quad v_0^2 = C \alpha^{5/2} + v^2,$$

worin

$$C = \frac{64}{15} \frac{\sqrt{r}}{m(\vartheta_1 + \vartheta_2)}.$$

Für die größte Annäherung wird

$$v = 0; \quad \alpha_m = \left(\frac{v_0^2}{C}\right)^{2/5}.$$

Aus Gl. (I) ergibt sich

$$dt = \frac{d\alpha}{\sqrt{v_0^2 - C\alpha^{5/2}}};$$

daraus die Stoßdauer;

$$T = 2 \int_0^{\alpha_m} \frac{d\alpha}{\sqrt{v_0^2 - C\alpha^{5/2}}}.$$

in der Nähe des Stoßpunktes während des ganzen Verlaufes des Stoßes sehr nahezu gleich ist dem Gleichgewichtzustande, den der zwischen beiden Körpern in jedem Augenblick vorhandene Gesamtdruck bei längerer Dauer hervorbringen würde. Bestimmen wir daher den zwischen beiden Körpern herrschenden Druck aus der Beziehung, welche wir zwischen diesem Druck und der Annäherung in Richtung der gemeinsamen Normalen früher für ruhende Körper aufgestellt haben, und wenden im übrigen auf das Innere jedes der beiden Körper die Differentialgleichungen für bewegte elastische Körper an, so werden wir den Verlauf des Vorganges mit großer Annäherung erhalten. Zu allgemeinen Sätzen können wir auf diese Weise naturgemäß nicht kommen, wir erhalten aber eine Reihe solcher, wenn wir jetzt die weitere Voraussetzung machen, daß die Stoßzeit groß sei auch gegen diejenige Zeit, welche die elastischen Wellen nötig haben, um die ganzen Dimensionen der stoßenden Körper zu durchlaufen. Ist diese Bedingung erfüllt, so bewegen sich alle Teile der stoßenden Körper, mit Ausnahme derjenigen, welche dem Stoßpunkt unendlich nahe liegen, wie die Teile starrer Körper; daß die fragliche Bedingung in wirklichen Körpern erfüllt sein kann, werden wir aus unsern Resultaten nachweisen«.

Soweit Hertz.

Nach seiner Auffassung ist man also berechtigt, die von ihm abgeleiteten Gleichungen auf den Stoß elastischer Körper anzuwenden.

Für die besondere Anwendung auf die Kugelfallprobe lassen sich die gegebenen Arbeitsgleichungen einfacher gestalten.

Durch Substitution:

$$\varepsilon = \left(\frac{C}{v_0{}^2}\right)^{2/5}; \quad \varepsilon_m = \left(\frac{C}{v_0{}^2}\right)^{2/5} \alpha_m = 1$$

$$T = 2\,\frac{1}{v_0}\left(\frac{v_0{}^2}{C}\right)^{2/5}\int_0^{\varepsilon_m}\frac{d\varepsilon}{\sqrt{1-\varepsilon^{5/2}}} = 2\,\frac{\alpha_m}{v_0}\int_0^1\frac{d\varepsilon}{\sqrt{1-\varepsilon^{5/2}}}$$

Das bestimmte Integral

$$\eta = \int_0^1\frac{d\varepsilon}{\sqrt{1-\varepsilon^{5/2}}}$$

läßt sich durch Reihenentwicklung auswerten. Nach Hertz ist

$$\eta = \int_0^1\frac{d\varepsilon}{\sqrt{1-\varepsilon^{5/2}}} = 1{,}4716.$$

Es ist also

$$T = 2\,\eta\,\frac{\alpha_m}{v_0} = 2{,}9432\,\frac{\alpha_m}{v_0}.$$

Setzt man ein:

$$\alpha_m = \sqrt[5]{\left(\frac{15}{32}\right)^2\frac{(^4/_3\,r^3\,\pi\,\gamma\,H)^2\,(\vartheta_1+\vartheta_2)^2}{r}}$$

$$v_0 = \sqrt{2\,g\,H},$$

so wird für $\gamma = 0{,}00786$ und $g = 981$:

$$T = 0{,}0042563\,\sqrt[5]{(\vartheta_1+\vartheta_2)^2}\,\frac{r}{\sqrt[10]{H}}.$$

Die Stoßdauer ist also direkt proportional dem Kugelhalbmesser und umgekehrt proportional der zehnten Wurzel aus der Fallhöhe.

Z. B. (Ueber die Annahmen, die der Ausrechnung dieses Beispiels zugrunde liegen, s. weiter unten) wird für das Glas (Gl. IV) bei 1000 mm Fallhöhe und 900 mm Sprunghöhe

$$T \leqq 0{,}00002 \text{ sk.}$$

Die aufgewandte Arbeit ist in dem vorliegenden Falle gegeben durch

$$A = {}^4/_3 \, r^3 \, \pi \, \gamma \, H,$$

worin γ das spezifische Gewicht der Kugel und

H die Höhe, welche die Kugel durchfällt, ist.

Es wird dann, wenn man für γ das spezifische Gewicht von Stahl $= 0{,}00786$ einsetzt:

$$\alpha = 0{,}1885 \, r \, \sqrt[5]{H^2 \, (\vartheta_1 + \vartheta_2)^2} \quad \ldots \ldots \ldots \quad (1\,\mathrm{b}).$$

$$a = 0{,}4342 \, r \, \sqrt[5]{H \, (\vartheta_1 + \vartheta_2)} \quad \ldots \ldots \ldots \quad (2\,\mathrm{b}).$$

$$\sigma_0 = 1{,}106 \, \sqrt[5]{\frac{H}{(\vartheta_1 + \vartheta_2)^4}} \quad \ldots \ldots \ldots \quad (3\,\mathrm{b}).$$

Aus diesen Gleichungen ist zu ersehen, daß für Kugeln verschiedenen Durchmessers, welche aus derselben Höhe auf einen Körper fallen, die Annäherung α in Richtung der Stoßnormalen und der Halbmesser a der Stoßfläche proportional dem Kugelhalbmesser sind, daß die größte auftretende Spannung aber unabhängig vom Kugelhalbmesser ist.

Dies gilt — als Folgerung aus den Hertzschen Beziehungen — nur innerhalb der Elastizitätsgrenze; daß es allgemein, auch im Bereich der bleibenden Formänderungen, gültig, ist eine Forderung des Kickschen Gesetzes der proportionalen Widerstände. Ich komme später hierauf zurück.

Weiter folgt aus der Gl. (3 b), daß die größte auftretende Spannung mit der fünften Wurzel aus der Fallhöhe wächst.

Um die dynamische Härte von Glas nach der Hertzschen Definition zu bestimmen, machte ich mit dem Kugelfallapparat folgenden Versuch: Ich ließ eine Stahlkugel ($r = 3$ mm) aus geringer Fallhöhe auf eine Reihevon Stellen der zu untersuchenden Glasoberfläche fallen und beobachtete die entsprechenden Zurücksprünge. Dann steigerte ich allmählich die Fallhöhe und stellte fest, bei welcher Fallhöhe die ersten bleibenden Formänderungen eintraten. Innerhalb der Elastizitätsgrenze müßten im Sinne einer vollkommenen Elastizität die Zurücksprünge (H_2) gleich den Fallhöhen (H_1) sein. Aus den Versuchsergebnissen ist zu entnehmen, daß die Zurücksprünge angenähert proportional den Fallhöhen sind. Numerisch ist für die untersuchten Glassorten:

$$H_2 = 0{,}89 - 0{,}93 \, H_1 \quad \ldots \ldots \ldots \ldots \quad (5).$$

Der Arbeitsverlust, der durch den Unterschied von Fallhöhe und Sprunghöhegegeben ist, müßte im Sinne einer vollkomenen Elastizität durch Reibungsverluste an der Luft und durch Erschütterungen der aufeinander stoßenden Massen erklärt werden.

Das Ueberschreiten der Elastizitätsgrenze zeigt sich durch einen kreisrunden Sprung — wie schon von Hertz und Auerbach bei statischen Versuchen beobachtet — in der Oberfläche des Glases an.

Die Zahlentafel II enthält die Versuchsergebnisse mit dem feinschlierigen Schwerflint (Gl. II).

Für jede Fallhöhe wurde eine Reihe von Versuchen an verschiedenen Stellen der Glasoberfläche gemacht. Die Zurücksprünge sind meistens nicht mehr als 1 mm vom Mittelwert verschieden. Bei 1000 mm Fallhöhe traten die ersten Sprünge auf. Mit dem Auftreten eines Sprunges ist nur eine sehr geringe Abnahme des Zurücksprunges verknüpft. Aus der Zahlentafel II ist zu ersehen, daß der Unterschied zwischen den Sprunghöhen ohne Sprung (H_2) und denen mit Sprung (H_2') im Mittel nur $3{,}5$ mm beträgt (s. auch Zahlentafel III).

Zahlentafel II. Gl. II (feinschlieriger Schwerflint). 6 mm-Kugel.

Fallhöhe mm	Einzelbeobachtungen der Sprunghöhen mm						Mittelwerte
600	550	551	549	551	551	550	550
700	640	640	639	639	639	640	640
750	685	685	684	685	684	684	685
800	730	730	730	730	731	729	730
850	774	774	774	773	774	772	774
900	815	818	819	816	816	816	817
950	861	860	861	860	854?	861	860
	902	899?	899*	905	904	906	Mittelwert aus Sprung- höhen ohne Sprung } 904,5
	899*	900*	905	899*	904	905	
1000	904	?*	905	904*	904	904	Mittelwert aus Sprung- höhen nach Eintritt eines Sprunges } 901
	905	904	904	902*	900*	905	
	905*						

Es bedeutet: * Eintritt eines Sprunges. ? Zweifel in bezug auf Eintritt eines Sprunges oder in bezug auf die Höhe des Zurücksprunges.

Bei der Berechnung der Glashärte nach der Hertzschen Definition ist zu berücksichtigen, daß der Zurücksprung ein Mindestmaß ist für die in Kugel und Platte im Augenblick der größten Annäherung aufgespeicherte elastische Formänderungsarbeit.

Wenn ich also im Folgenden aus dem beim Eintritt der ersten bleibenden Formänderung beobachteten Zurücksprung die Glashärte nach der oben abgeleiteten Formel

$$\sigma_0 = 1{,}106 \sqrt[5]{\frac{H}{(\vartheta_1 + \vartheta_2)^4}} \quad \ldots \ldots \ldots \quad (3\,\text{b})$$

berechne, so weiß ich, daß die wirkliche Härte jedenfalls nicht kleiner als der erhaltene Wert ist. Nach Hertz kann man für Glas oder Stahl setzen:

$$\vartheta = \frac{32}{9\,E}.$$

Die Elastizitätsmoduln E_1 und E_2 der Stahlkugel und der Glasplatte waren mir nicht bekannt. Ich will, um zu einem angenäherten Endwert zu gelangen, die üblichen Durchschnittswerte einsetzen:

für Stahl: $E_1 = 2\,200\,000$ kg/qcm

für Glas: $E_2 = 700\,000$ » .

Man erhält dann aus Gl. (3 b)

$$\sigma_0 = \text{rd. } 373 \text{ kg/qmm.}$$

In gleicher Weise wurden die andern Glasarten Gl. I, Gl. III, Gl. IV untersucht.

In Zahlentafel III ist das Ergebnis der Untersuchungen zusammengestellt.

Zahlentafel III. Ergebnisse der Versuche an den Glasarten (Gl. I, Gl. II, Gl. III, Gl. IV). 6 mm-Kugel.

Bezeichnung (s. Zahlentafel 1)	Fallhöhe, bei der die ersten Sprünge im Glase beobachtet wurden	Sprunghöhe (Mittelwerte)		Unterschied	aus Formel $\sigma_0 = 1{,}106 \sqrt{\frac{H_2'}{(\vartheta_1 + \vartheta_2)^4}}$ berechnete Härte
		ohne Sprung	nach Eintritt eines Sprunges		
	H_1 in mm	H_2 in mm	H_2' in mm	$H_2 - H_2'$ in mm	σ_0 in kg/qmm
Gl. I	460	428	424	4	321
Gl. II	1000	904,5	901	3,5	373
Gl. III	1200	1089,5	1085	4,5	387
Gl. IV	1800	1584	1580	4	418

Statisch sind die vier Glasarten hinsichtlich ihrer Härte nicht untersucht worden, es liegen aber von Auerbach[1]) umfassende Versuche über die statische Härte der verschiedensten Glassorten vor, und es dürfte lehrreich sein, die dynamisch gefundenen Härtezahlen mit den Auerbachschen zu vergleichen.

Auerbach[2]) fand, daß entgegen der Hertzschen Theorie eine Abhängigkeit der Hertzschen Härtezahl von dem Krümmungshalbmesser (r) zu beobachten ist, und gibt an, daß die theoretische Härte mit:

$$\sqrt[3]{r}$$

zu multiplizieren ist, um eine vom Krümmungshalbmesser unabhängige, »absolute« Härtezahl zu erhalten.

Er gibt für die von ihm untersuchten 14 verschiedenen Glasarten[3]), welche die extremsten Festigkeitseigenschaften der aus der Schottschen Glasschmelze hervorgehenden Gläser umfassen[4]), als Mittel aus Untersuchungen mit verschiedenen Krümmungshalbmesser »absolute« Härtezahlen an, die von 173 bis 316 kg/qmm reichen. Teilt man diese Werte durch $\sqrt[3]{r}$ — in dem vorliegenden Falle durch $\sqrt[3]{3}$—, so erhält man Hertzsche Härtezahlen. Die Auerbachschen Versuche ergeben hiernach Härtezahlen, die von 120 bis 219 kg/qmm sich erstrecken, während die dynamisch gefundenen Werte von 321 bis 418 kg/qmm reichen.

Nun können die von mir gegebenen Härtezahlen keinen Anspruch auf Genauigkeit machen, da ich gezwungen war, Durchschnittswerte für die Elastizitätsmoduln anzunehmen. Anderseits sind die statischen Auerbachschen Versuche mit Platte und Linse von gleichem Stoff ausgeführt, während die vorliegenden dynamischen Untersuchungen an Platte und Linse (Kugel) von verschiedenem Stoff vorgenommen wurden. Geben aber die Hertzschen Formeln den Einfluß der Elastizitätskonstanten annähernd richtig wieder, so ist aus den vorliegenden Versuchsergebnissen zu schließen, daß die Hertzsche Härtezahl von der Geschwindigkeit der Eindringungsbewegung abhängig ist. Weiter ist hervorzuheben, daß die elastische Formänderungsarbeit nach Ueberschreiten der Elastizitätsgrenze nur unbedeutend abnimmt.

Prüfung der „dynamischen Härte" von Metallen.

Wie aus der Gleichung

$$\sigma_0 = 1{,}106 \sqrt[5]{\frac{H}{(\vartheta_1 + \vartheta_2)^4}} \quad \ldots \ldots \ldots \quad (3\,\mathrm{b})$$

zu entnehmen ist, treten — so lange die Elastizitätsgrenze nicht überschritten wird — schon für Kugelfallversuche aus sehr kleinen Fallhöhen bedeutende Spannungen auf.

Z. B. würde, der Hertzschen Theorie zufolge, für $H = 10$ cm, wobei Kugel und Platte vom gleichen Elastizitätsmodul $E = 2\,200\,000$ kg/qcm und $\vartheta_1 = \vartheta_2 = \dfrac{32}{9\,E}$ angenommen sei,

[1]) »Absolute Härtemessung«, Götting. Nachr. 6. Dezember 1890. — »Absolute Härtemessung«, Ann. d. Phys. u. Chem. 43, 61 (1891). — »Härte, Sprödigkeit und Plastizität«, Verhandl. d. Ges. deutsch. Naturf. und Aerzte 1891. — »Ueber Härtemessung, insbesondere an plastischen Körpern«, Ann. d. Phys. u. Chem. 45, 262 (1892). — »Plastizität und Sprödigkeit«, Ann. d. Phys. u. Chem. 45, 277 (1892). — »Ueber die Härte- und Elastizitätsverhältnisse des Glases«, Ann. d. Phys. u. Chem. 53, 1000 (1894). — »Die Härteskala in absolutem Maße«, Ann. d. Phys. u. Chem. 58, 357 (1896).

[2]) Siehe die zweite der angeführten Auerbachschen Arbeiten.

[3]) Siehe die sechste der angeführten Auerbachschen Arbeiten.

[4]) Siehe auch Hovestadt: »Jenaer Glas«, Gustav Fischer, Jena 1900, S. 174 ff.

$$\sigma_0 = \text{rd. } 432 \text{ kg/qmm}$$

werden. In Wirklichkeit ist bei dieser Spannung die Elastizitätsgrenze auch für die härtesten Stähle längst überschritten.

Mit der einzigen Ausnahme des Glases beobachtete ich bei allen von mir untersuchten Stoffen, auch bei Verwendung sehr kleiner Fallhöhen, meßbare, bleibende Formänderungen. Deshalb verliert auch für die Kugelfallprobe die Hertzsche Erklärung der Härte jede praktische Bedeutung.

Das Ueberschreiten der Elastizitätsgrenze muß für Metalle schon bei sehr geringen Fallhöhen stattfinden, und es ist unmöglich, die Fallhöhe zu bestimmen, wobei dies geschieht. Daher wird eine Härteuntersuchung von Metallen mittels der Kugelfallprobe von einer Anwendung der Hertzschen Definition absehen und — ähnlich der Entwicklung der statischen Kugelprobe — den Härtemaßstab in Beziehungen zwischen Arbeitsaufwand und gemessenen Formänderungen suchen müssen.

Die spezifische Verdrängungsarbeit als Härtemaßstab.

Ursprünglich hatte Brinell als Härtemaßstab das Verhältnis zwischen dem Druck P und der Oberfläche der Kugelkalotte $D\pi h$

$$H = \frac{P}{D\pi h} \quad . \quad . \quad . \quad . \quad . \quad . \quad . \quad . \quad . \quad (6)$$

empfohlen.

In der oben (S. 6) erwähnten Arbeit schlägt Meyer vor, als Härtemaßstab das Verhältnis P zur Eindruckfläche $\frac{d^2\pi}{4}$, den mittleren Flächendruck

$$p_m = \frac{P}{\frac{d^2\pi}{4}} \quad . \quad . \quad . \quad . \quad . \quad . \quad . \quad . \quad (7)$$

anzusehen, »da der Härtezahl Brinells eine physikalische Bedeutung nicht zukomme, sie vielmehr den sonst einfachen physikalischen Zusammenhang verwickelter mache«.

Daß der mittlere Druck p_m als Härtemaßstab vorzuziehen ist, erkennt man auch, wenn man — worauf die dynamische Kugelprobe von vornherein hinweist — den Begriff der Formänderungsarbeit bei der Kugelprobe einführt.

Ich will zunächst die einfachsten Verhältnisse annehmen, nämlich vollkommen plastisches Material, vollkommen starre Kugel und im gesamten Verlauf des Eindrückens der Kugel gleichbleibenden mittleren Druck:

$$p_m = \text{konst oder } P = a\,d^2.$$

Weiter soll angenommen werden, daß eine Randbildung — Wulst oder Einsenkung — nicht auftritt.

Unter diesen Voraussetzungen berechnet sich die Formänderungsarbeit:

$$A = \int_0^h P\,dh = \int_0^h p_m\,F\,dh,$$

worin F die Eindruckfläche und h die Eindrucktiefe.

$$A = p_m \int_0^h F\,dh = p_m\,V \quad . \quad . \quad . \quad . \quad . \quad . \quad (8),$$

worin V das Volumen des Kugeleindrucks.

$$\frac{A}{V} = p_m.$$

Das Verhältnis $\frac{A}{V}$ will ich mit $\mathfrak{A}$ bezeichnen und erkläre $\mathfrak{A}$ als die spezifische Arbeit, welche erforderlich ist, die Raumeinheit des Stoffes zu verdrängen.

Es wird später darauf einzugehen sein, welchen Einfluß — neben der Größe — die geometrische Lage eines verdrängten Volumens zur Oberfläche (Eindruckkalotten von verschiedenen Krümmungshalbmessern) auf die Größe der spezifischen Verdrängungsarbeit $\mathfrak{A}$ hat.

Unter den oben bezeichneten, einschränkenden Annahmen ist also die spezifische Formänderungsarbeit $\mathfrak{A}$ gleich dem mittleren Flächendruck p_m

$$\mathfrak{A} = p_m \quad \ldots \ldots \ldots \ldots \ldots \quad (9);$$

der Härtezahl p_m kommt die weitere physikalische Bedeutung einer spezifischen Arbeit zu.

Ich gehe nun zu den Verhältnissen über, wie sie nach der Arbeit von Meyer vorliegen. E. Meyer fand, daß, ähnlich den Ergebnissen von E. Rasch und Föppl, auch für die Kugeldruckprobe das Gesetz

$$P = a d^n \quad \ldots \ldots \ldots \ldots \ldots \quad (10)$$

gültig ist.

Für dieses Gesetz wird von Meyer eine untere Gültigkeitsgrenze angegeben, einmal entsprechend den Versuchsergebnissen und dann der Auffassung, daß es eine Beziehung zwischen Druck und bleibender Formänderung darstellt, die notwendigerweise nach der Elastizitätsgrenze zu eine Gültigkeitsgrenze haben muß.

Nun ist der mittlere Druck p_m als Härtemaßstab nur einwandfrei, wenn der beobachtete Eindruckdurchmesser d ein Maß für die Formänderung im Stoff ist oder mit anderen Worten, wenn die Eindruckkalotte in dem gegebenen geometrischen Zusammenhang mit dem beobachteten Eindruckdurchmesser steht.

Es müssen also außer der von E. Meyer gemachten Annahme, daß innerhalb seiner Versuchsgrenzen die Kugel, soweit sie Einfluß auf die Formänderung im Probekörper hat, als starr anzusehen ist, bestimmte Voraussetzungen bezüglich des Einflusses der elastischen Dehnungen auf die geometrische Form der Eindruckkalotte nach der Entlastung gemacht werden (s. Meyer, a. a. O. S. 47). Soll der beobachtete Eindruckdurchmesser ein Maß — in dem Sinne, daß das verdrängte Volumen V durch ihn bestimmt ist — für die Formänderung im Probekörper sein, so kann das nur bei zwei Annahmen möglich sein.

Entweder muß man annehmen, daß die elastischen Dehnungen nach der Entlastung den Krümmungshalbmesser der Kalotte unverändert lassen, Fig. 3, dann ist der beobachtete Eindruckdurchmesser ein Maß für die bleibende

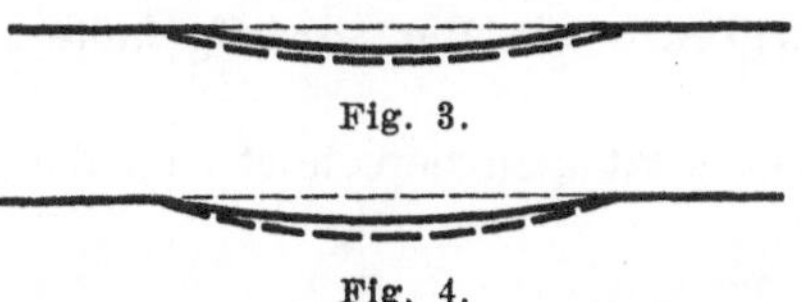

Fig. 3.

Fig. 4.

Formänderung. Oder man muß annehmen, daß die elastischen Dehnungen nach der Entlastung den Eindruckdurchmesser der Kalotte unverändert lassen, sich also auf eine Verringerung der Eindrucktiefe beschränken, Fig. 4, dann ist der beobachtete Eindruckdurchmesser ein Maß für die gesamten (bleibenden und elastischen) Formänderungen im Körper.

Diese Annahmen hängen auf das engste mit der Frage nach der Spannungsverteilung vor der eindringenden Kugel zusammen.

Die erste Annahme hieße, daß nur radial zum Kugelmittelpunkt gerichtete Druckspannungen von gleicher Größe auf der Kalottenoberfläche auftreten; die zweite, daß nur winkelrecht zur Oberfläche der Platte gerichtete Druckspannungen vorkommen, die in der Mitte der Druckfläche ihren Höchstwert und am Rande den Wert null erreichen.

Nun führt die Verknüpfung der Annahmen, daß die Kugel als starr anzusehen ist, und daß die elastischen Dehnungen keine Aenderung des Krümmungshalbmessers der Kugelkalotte herbeiführen, zu Widersprüchen mit den beobachteten tatsächlichen Verhältnissen.

Für kleine Eindruckdurchmesser — bis zu Eindrücken, die ihrer Größe nach noch weit oberhalb der von Meyer für das Gesetz $P = ad^n$ angegebenen unteren Gültigkeitsgrenze liegen — stehen die Eindrucktiefen, wie ich mich durch Messungen mittels des Martensschen Härteprüfers[1] und des Zeißschen Dickenmessers überzeugt habe, nicht — für die meisten der untersuchten Stoffe auch nicht annähernd — in dem gegebenen geometrischen Zusammenhange mit dem Eindruckdurchmesser. Folglich hat das Gesetz $P = ad^n$ — wenigstens in dem unteren Gültigkeitsbereich — nur eine eindeutige, physikalische Bedeutung in bezug auf den reinen Eindringungswiderstand, wenn man sich hinsichtlich der elastischen Dehnungen im Probekörper der zweiten Annahme, daß sie den Eindruckdurchmesser unverändert lassen und sich auf eine Verringerung der Eindrucktiefe beschränken, anschließt.

Hiernach müßte also der beobachtete Eindruckdurchmesser d als ein Maß für die gesamten (bleibenden und elastischen) Formänderungen im Probekörper und folglich das Gesetz $P = ad^n$ als eine Beziehung zwischen Belastung und Gesamtdehnung aufgefaßt werden.

In dieser physikalischen Auffassung des Gesetzes $P = ad^n$ liegt nun kein zwingender Grund für die Annahme einer unteren Gültigkeitsgrenze, wenn man in dem Gesetze d als den Eindruckdurchmesser unter Belastung ansieht.

Die von Meyer beobachtete untere Gültigkeitsgrenze wäre hiernach darauf zurückzuführen, daß die Annahme von dem Einfluß der elastischen Dehnungen natürlich eine untere Gültigkeitsgrenze haben muß, da der Durchmesser der Druckfläche innerhalb der Elastizitätsgrenze bei der Entlastung verschwindet, der beobachtete Eindruckdurchmesser deshalb unterhalb gewisser Grenzen nicht mehr identisch mit dem Eindruckdurchmesser unter Belastung sein kann.

Die folgenden Betrachtungen, die eine angenäherte Berechnung der Formänderungsarbeit aus dem Druckgesetz zum Ziele haben, gehen also von den Annahmen aus, daß das Gesetz $P = ad^n$ unter der Voraussetzung einer starren Kugel eine Beziehung zwischen Druck und Gesamtdehnung darstellt, und daß eine untere Gültigkeitsgrenze für die so aufgefaßte Beziehung nicht vorhanden ist.

Unter diesen Voraussetzungen berechnet sich die Formänderungsarbeit:

$$A = \int_0^h P\,dh \quad \ldots \ldots \ldots \ldots \quad (11),$$

---

[1] Siehe Martens und Heyn: »Vorrichtung zur vereinfachten Prüfung der Kugeldruckhärte und die damit erzielten Ergebnisse«. Zeitschr. d. Vereines deutsch. Ingen. 1908 S. 1719. Die ausführliche Veröffentlichung erschien nach Abschluß der vorliegenden Arbeit. Mitteilungen über Forschungsarbeiten Heft 75.

worin h die Tiefe der Eindruckkalotte. Für $P = a d^n$ wird

$$A = a \int_0^h d^n \, dh \quad \ldots \ldots \ldots \ldots \quad (12),$$

für $d^2 = 8\,rh - 4\,h^2$:

$$= a \int_0^h (8\,rh - 4\,h^2)^{\frac{n}{2}} \, dh \quad \ldots \ldots \ldots \quad (13),$$

$$= a \int_0^h (8\,rh)^{\frac{n}{2}} \left(1 - \frac{h}{2\,r} \right)^{\frac{n}{2}} \, dh.$$

$$A = a\,(8\,r)^{\frac{n}{2}} \int_0^h h^{\frac{n}{2}} \left(1 - \frac{\frac{n}{2} \cdot h}{1!\,(2\,r)^1} + \frac{\frac{n}{2}\left(\frac{n}{2} - 1\right) h^2}{2!\,(2\,r)^2} - + \ldots \right) dh$$

$$= a\,(8\,r)^{\frac{n}{2}} \int_0^h h^{\frac{n}{2}} \, dh - \frac{a\,\frac{n}{2}\,(8\,r)^{\frac{n}{2}}}{1!\,(2\,r)^1} \int_0^h h^{\frac{n}{2}+1} \, dh + \frac{a\,\frac{n}{2}\left(\frac{n}{2}-1\right)(8\,r)^{\frac{n}{2}}}{2!\,(2\,r)^2} \int_0^h h^{\frac{n}{2}+2} \, dh - + \ldots$$

$$= \frac{a\,(8\,r)^{\frac{n}{2}}}{\frac{n}{2}+1} h^{\frac{n}{2}+1} - \frac{a\,\frac{n}{2}\,(8\,r)^{\frac{n}{2}}}{1!\left(\frac{n}{2}+2\right)(2\,r)^1} h^{\frac{n}{2}+2} + \frac{a\,\frac{n}{2}\left(\frac{n}{2}-1\right)(8\,r)^{\frac{n}{2}}}{2!\left(\frac{n}{2}+3\right)(2\,r)^2} h^{\frac{n}{2}+3} - + \ldots \, (14).$$

Die Formänderungsarbeit A ist also hier nach einer unendlichen Reihe ausgedrückt. Nun handelt es sich bei der Kugelfallprobe um kleine Eindrücke. Beschränkt man die Gültigkeit der Gl. (14) auf solche, so können die Glieder mit den höheren Potenzen der sehr kleinen Größe h vernachlässigt werden, und man erhält:

$$A = \frac{a\,(8\,r)^{\frac{n}{2}}}{\frac{n}{2}+1} h^{\frac{n}{2}+1} \quad \ldots \ldots \ldots \quad (15).$$

Die entsprechende Beziehung zwischen der Arbeit und dem Eindruckdurchmesser d erhält man aus

$$d^2 = 8\,rh - 4\,h^2;$$

für sehr kleine Eindrücke ist h^2 gegenüber h zu vernachlässigen. Es ist also

$$h = \frac{d^2}{8\,r} \quad \ldots \ldots \ldots \ldots \quad (16).$$

In Gl. (15) eingesetzt:

$$A = \frac{a}{4\,r\,(n+2)} d^{n+2} \quad \ldots \ldots \ldots \quad (17)$$

oder

$$A = a'\,d^{n'} \quad \ldots \ldots \ldots \quad (18),$$

worin

$$a' = \frac{a}{4\,r\,(n+2)}, \quad n' = n + 2.$$

Aus dem Gesetze $P = a d^n$ berechnet sich also, unter den erwähnten Voraussetzungen, für kleine Eindrücke eine dem Druckgesetz ähnliche Exponentialbeziehung zwischen der Formänderungsarbeit und dem Eindruckdurchmesser.

Aus

$$A = \frac{a}{4\,r\,(n+2)} d^{n+2} \quad \ldots \ldots \ldots \quad (17)$$

ergibt sich für die spezifische Verdrängungsarbeit:

$$\mathfrak{A} = \frac{A}{V} = \frac{a}{4\,r\,(n+2)}\,\frac{d^{n+2}}{V} \quad \ldots \quad \ldots \quad (19),$$

worin

$$V = \pi\,h^2\left(r - \frac{h}{3}\right) = \text{Volumen der Kalotte.}$$

Für kleine Kugeleindrücke kann man $\frac{h}{3}$ gegenüber r vernachlässigen.

Es wird also

$$V = \pi\,h^2\,r,$$

oder für

$$h = \frac{d^2}{8\,r},$$

$$V = \frac{\pi}{64\,r}\,d^4 \quad \ldots \quad \ldots \quad \ldots \quad (20).$$

Aus Gl. (19) wird dann

$$\mathfrak{A} = \frac{\dfrac{a}{4\,r\,(n+2)}\,d^{n+2}}{\dfrac{\pi}{64\,r}\,d^4} = \frac{16\,a}{\pi\,(n+2)}\,d^{n-2} \quad \ldots \quad \ldots \quad (21).$$

Aus dem Gesetze $P = a\,d^n$ ergibt sich für den mittleren Flächendruck:

$$p_m = \frac{P}{\dfrac{d^2\,\pi}{4}} = \frac{4\,a}{\pi}\,d^{n-2} \quad \ldots \quad \ldots \quad \ldots \quad (22).$$

Folglich ist

$$\frac{\mathfrak{A}}{p_m} = \frac{\dfrac{16\,a}{\pi\,(n+2)}\,d^{n-2}}{\dfrac{4\,a}{\pi}\,d^{n-2}}, \quad \frac{\mathfrak{A}}{p_m} = \frac{4}{n+2} = \text{konst} \quad \ldots \quad \ldots \quad (23).$$

Wir sehen also, daß unter den vorausgeschickten Annahmen der Härtemaßstab $\mathfrak{A}$ in einem festen Verhältnis zu p_m steht.

Diese Konstante ist nur abhängig von dem Exponenten n und ist nach den von Meyer und Kürth[1]) für n angegebenen Werten nicht viel von eins verschieden. Im Sonderfalle: $n = 2$ wird $\mathfrak{A} = p_m$ (s. oben S. 15).

In der vorliegenden Arbeit ist als grundlegender Wert für die Beurteilung der Beziehungen zwischen Arbeitsaufwand und Formänderungen die spezifische Verdrängungsarbeit

$$\mathfrak{A} = \frac{A}{V}$$

gewählt.

Der Zurücksprung als Härtemaßstab.

Durch welche Annahmen erscheint die Auffassung des Zurücksprunges als Härtemaßstab vom theoretischen Standpunkte aus gerechtfertigt?

Um Klarheit hierüber zu gewinnen, sei zunächst folgender Stauchversuch ausgeführt gedacht, Fig. 5.

Der Bär B mit den Abmessungen F (Querschnittfläche) und l_1 (Länge), dem spezifischen Gewicht γ, und dem Elastizitätsmodul E_1 falle aus einer Höhe H_1 auf das zu untersuchende Probestück. Dieses habe die Abmessungen F

---

[1]) »Ueber die Beziehung der Kugeldruckhärte zur Streckgrenze und zur Zerreißfestigkeit zäher Metalle«. Mitteil. über Forschungsarb. Heft 66.

(Querschnittfläche) und l_2 (Länge) und den Elastizitätsmodul E_2. Der Bär erleide bei dem Versuch keine bleibende Formänderungen, der Amboß (Probestück) hingegen werde über die Elastizitätsgrenze hinaus beansprucht, wobei vorausgesetzt sei, daß auch in dem Bereich der hervorgebrachten Formänderung der Elastizitätsmodul E_2 unverändert bleibe.

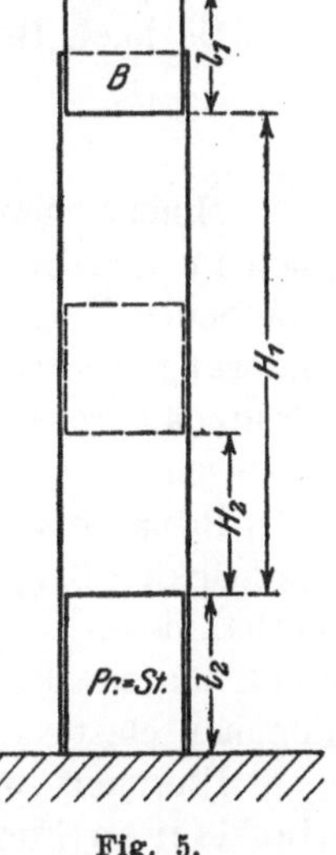

Fig. 5.

Reibungs- und Erschütterungsverluste sollen vernachlässigt werden. Der Zurücksprung (Prellschlag) H_2 des Bären nach dem Auftreffen gebe die gesamte im Augenblicke der größten Annäherung im Bär und Amboß aufgespeicherte elastische Formänderungsarbeit wieder.

Unter diesen ideellen Verhältnissen ist die Zurücksprungsarbeit

$$A_2 = \gamma\, l_1\, F\, H_2 = \frac{l_1\, F}{2}\, \frac{1}{E_1}\, \sigma_0{}^2 + \frac{l_2 F}{2}\, \frac{1}{E_2}\, \sigma_0{}^2 \quad . \quad (24),$$

worin σ_0 die größte auftretende Spannung ist[1]).

Es ist also

$$\sigma_0 = \sqrt{\frac{2\,\gamma\, E_1\, E_2}{\dfrac{l_2}{l_1}\, E_1 + E_2}}\; \sqrt{H_2} \quad . \quad . \quad . \quad . \quad (25).$$

Die größte auftretende Spannung wäre demnach direkt proportional der Wurzel aus dem Zurücksprung.

Die Beurteilung der Stoffeigenschaften verschiedener Probestücke könnte bei diesem gedachten Stauchversuch von zwei Gesichtspunkten aus geschehen:

Entweder man berechnet aus Arbeitsaufwand und gemessenen Formänderungen des Probestückes die spezifische Arbeit a, welche die Raumeinheit des Stoffes der Formänderung entgegensetzt[2]), oder man berechnet aus dem beobachteten Zurücksprung — wobei die Elastizitätsmoduln der beiden Körper bekannt sein müssen. — die größte auftretende Spannung σ_0.

Beide Größen a und σ_0 von bestimmter physikalischer Bedeutung könnten zur Beurteilung der Festigkeitseigenschaften des untersuchten Stoffes herangezogen werden.

Nun hat das zweite Verfahren, aus dem Zurücksprung des Bären Materialeigenschaften zu erkennen, für den gewöhnlichen Stauchversuch keinerlei praktische Bedeutung, weil die Voraussetzungen, von denen ich oben ausgegangen war, auch nicht annähernd für den Versuch zutreffen.

Anders bei dem Kugelfallversuch. Bei dieser Versuchsanordnung ist wenigstens die Möglichkeit zuzugeben, daß die obigen Annahmen praktische Bedeutung haben können. Die Beziehung zwischen dem Zurücksprung und der größten auftretenden Spannung ist aber bei der Kugelfallprobe unter denselben Annahmen weit verwickelter als sich für den oben betrachteten Stauchversuch ergab[3]).

Innerhalb der Elastizitätsgrenze ist die Aufgabe durch Hertz gelöst worden. Aus den Hertzschen Gleichungen folgte, wie wir oben sahen:

---

[1]) Keck, »Mechanik« Bd. II S. 107.

[2]) Martens: »Materialienkunde« S. 25.

[3]) Die Auffassung Henri le Chateliers — die er gelegentlich einer kurzen Besprechung der Fréminvilleschen Arbeiten vertritt (s. Revue de Métallurgie, April 1908) —, daß bei der Kugelfallprobe die größte Spannung proportional der Wurzel aus der Sprunghöhe sei, beruht auf einer Verwechslung der vorliegenden Aufgabe mit dem oben betrachteten, einfachen Stauchversuch.

$$\sigma_0 = 1{,}106 \sqrt[5]{\frac{H}{(\vartheta_1 + \vartheta_2)^4}} \quad \cdots \cdots \quad (3b),$$

worin H gleich der Fallhöhe oder auch theoretisch gleich der Sprunghöhe ist.

Da nach Hertz $\sigma_0 = {}^3/_2\, p_m$ ist, so kann Gl. (3b) auch geschrieben werden:

$$p_m = {}^2/_3 \cdot 1{,}106 \sqrt[5]{\frac{H}{(\vartheta_1 + \vartheta_2)^4}} \quad \cdots \cdots \quad (3c).$$

Nimmt man nun an, daß die Elastizitätskonstante ϑ_2 des Probekörpers auch in dem Bereich der für die Kugelfallprobe in Frage kommenden kleinen, bleibenden Formänderungen unveränderlich ist, so hat man sich die Zustandsänderung des Materials unter der eindringenden Kugel so vorzustellen, daß die Elastizitätsgrenze des deformierten Materials der jeweilig auftretenden Spannung entspricht.

Bringt man also nach der Entlastung wieder die Kugel mit der bleibend verdrückten Kugelkalotte in konzentrische Berührung, so wird es den wirklichen Verhältnissen angenähert entsprechen, wenn man annimmt, daß sich das Probestück bis zur Erreichung der größten Annäherung vor der Entlastung als vollkommen elastisch verhält.

Hiernach wären die Hertzschen Beziehungen für die Berechnung der elastischen Formänderungen in Kugel und Platte anwendbar, wenn man berücksichtigt, daß die beiden Körper hinsichtlich ihres elastischen Verhaltens mit Oberflächen in Berührung treten, die zwei sich von innen berührenden Kugeln angehören.

Experimentell findet Stribeck[1]) diese Auffassung bestätigt, wenn er aus seinen statischen Versuchen mit gehärteten Stahlkugeln schließt: »Daß man unter Benutzung der Hertzschen Gleichungen die federnden Zusammendrückungen der Kugeln auch für Belastungen, durch welche die Elastizitätsgrenze weit überschritten wird, angenähert bestimmen kann. Allerdings hat man nicht von den ursprünglichen Kugelformen, sondern von den bleibend verdrückten Berührungsflächen auszugehen und sie als Kugelfläche in Rechnung zu setzen.«

Schließt man sich dieser Auffassung an, so wäre die Beziehung zwischen dem im Augenblick der größten Annäherung von Kugel und Platte herrschenden mittleren Druck p_m und dem Zurücksprung H_2 (gesamte elastische Deformationsarbeit in Kugel und Platte A_2) nach Ueberschreiten der Elastizitätsgrenze gegeben durch:

$$p_m = {}^2/_3 \,\frac{8}{\pi} \sqrt[5]{\frac{15}{32}\,\frac{A_2}{(\vartheta_1{}' + \vartheta_2)^4}\left(\frac{1}{r} - \frac{1}{R}\right)^3} \quad \cdots \cdots \quad (26),$$

worin R das Krümmungsmaß der bleibend verdrückten Eindrückkalotte ist.

Es ist also hiernach der Zurücksprung eine Funktion des mittleren Druckes p_m im Augenblick der größten Annäherung, der Elastizitätskonstanten von Kugel und Platte und des Krümmungshalbmessers der bleibend verdrückten Kugelkalotte.

Soweit die Theorie.

Es ist anzunehmen, daß die Größe des Krümmungshalbmessers R lediglich bedingt ist durch den mittleren Druck p_m und die beiden Koeffizienten ϑ_1 und ϑ_2. Dann bestände eine Beziehung:

$$H_2 = f\,[p_m,\ (\vartheta_1 + \vartheta_2)] \quad \cdots \cdots \quad (27),$$

oder, da ϑ_1 als Elastizitätskonstante der Kugel für alle Fälle als unveränderlich anzunehmen ist,

---

[1]) **Zeitschrift des Vereines deutscher Ingenieure S. 1445 u. f.**

$$H_2 = f(p_m, \vartheta) \quad \ldots \ldots \ldots \ldots \quad (28),$$

worin ϑ die Elastizitätskonstante des Probestückes ist.

Jedenfalls folgt schon aus diesen Betrachtungen, daß eine zahlenmäßige Beurteilung der Härteeigenschaften von Stoffen aus dem Zurücksprung einer fallenden Kugel nur dann möglich sein wird, wenn die Elastizitätskonstanten der zu untersuchenden Stoffe bekannt sind.

Versuchsergebnisse.

Bei der Beurteilung der Versuchsergebnisse wurde von der Annahme ausgegangen, daß es — unter Berücksichtigung der bisherigen Erfahrungen — gelungen war, die Versuchsanordnung so zu treffen, daß Erschütterungs- und Reibungsverluste vernachlässigt werden konnten.

Weiter wurde angenommen, daß eine Hysteresis — eine Verzögerung in der Umkehr der gesamten elastischen Formänderungen durch innere Reibung — vernachlässigt werden kann, und daß die Kugel keine bleibende Formänderung erleidet.

Aus diesen Annahmen ergibt sich die einfache Arbeitsgleichung:

$$A_1 = A_2 + A_{bl}{}^P \quad \ldots \ldots \ldots \quad (29).$$
$$A_1 = A_{el}{}^K + A_{el}{}^P + A_{bl}{}'' \quad \ldots \ldots \quad (30).$$

Hierin ist

A_1 die durch Fallhöhe mal Gewicht der Kugel gegebene gesamte aufgewandte Arbeit.

$A_2 = A_{el}{}^K + A_{el}{}^P$ die durch Sprunghöhe mal Gewicht der Kugel gegebene gesamte in Kugel ($A_{el}{}^K$) und Platte ($A_{el}{}^P$) aufgespeicherte elastische Formänderungsarbeit.

$A_{bl}{}^P = A_1 - A_2$ die durch den Unterschied von Fallhöhe und Sprunghöhe mal Gewicht der Kugel gegebene, zur bleibenden Formänderung des Probestückes verwandte Formänderungsarbeit.

Abhängigkeit des Eindruckdurchmessers d von der aufgewandten Arbeit bei gleichem Kugeldurchmesser D.

Um die Abhängigkeit des Eindruckdurchmessers d von der aufgewandten Arbeit bei gleichem Kugeldurchmesser D festzustellen, beobachtete ich für 12 Stoffe bei verschiedenen Fallhöhen ($H_1 = 200$ bis 1600 mm) und bei gleichem Kugeldurchmesser ($D = 10$ mm) Zurücksprünge H_2 und Eindruckdurchmesser d.

In den Zahlentafeln IV bis XV sind die gefundenen Zahlenwerte enthalten.

Zunächst sei die aufgewandte Arbeit A_1 in einem rechtwinkligen Koordinatensystem in Funktion des Eindruckdurchmessers d aufgetragen.

Wie aus Fig. 6 zu entnehmen ist, ergeben sich regelmäßige Kurven.

Im Hinblick auf die aus dem Druckgesetz $P = a\,d^n$ abgeleitete Beziehung:

$$A = a'\,d^{n'} \quad \ldots \ldots \ldots \ldots \quad (18),$$

wurden dann in einem rechtwinkligen Koordinatensystem die Werte von $\log A_1$ als Ordinaten und die von $\log d$ als Abszissen aufgetragen.

Besteht eine Exponentialbeziehung, so müssen sich gerade Linien ergeben.

Aus Fig. 7 ist zu ersehen, daß sich die beobachteten Werte für jeden der untersuchten Stoffe geraden Linien anschmiegen.

Auch die rechnerische Kontrolle, die in den Zahlentafeln IV bis XV enthalten ist, ergibt die Gültigkeit der Beziehung:

$$A_1 = a_1\,d^{n_1} \quad \ldots \ldots \ldots \ldots \quad (31).$$

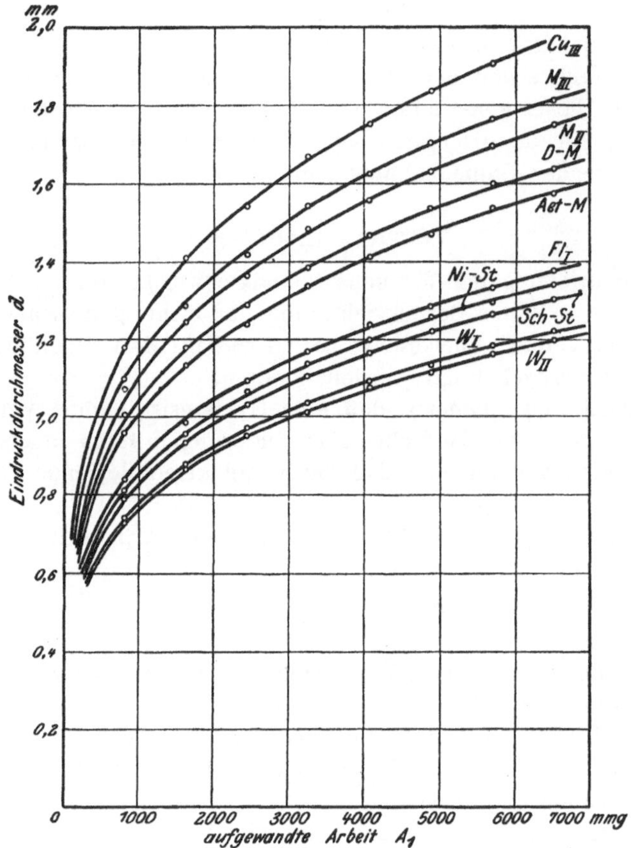

Fig. 6. Zusammenhang zwischen Eindruckdurchmesser und aufgewandter Arbeit bei der Kugelfallprobe. $A_1 = a_1 \, d^{n_1}$.

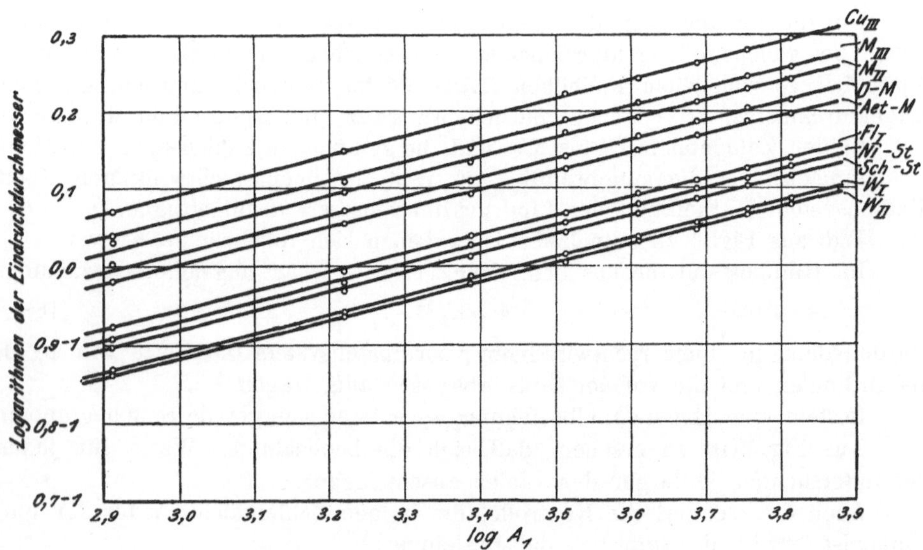

Fig. 7.   Kurven: $\log A_1 = \log a_1 + n_1 \log d$.

Die Werte von a_1 liegen zwischen 425 und 3075 mmg. (Zahlentafel XVI).

Für $d = 1$ wird $A_1 = a_1$; a_1 ist also das Arbeitsvermögen, das eine fallende Kugel haben muß, um den Eindruckdurchmesser $d = 1$ mm hervorzubringen.

Die Werte von n_1 liegen zwischen 4,02 und 4,20.

Welche physikalische Bedeutung hat nun diese Beziehung?

Ich war oben — bei der Ableitung der Arbeitsgleichung $A = a' d^{n'}$ aus der bekannten Druckgleichung $P = a d^n$ — von der Annahme ausgegangen, daß der Eindruckdurchmesser d ein Maß ist für die gesamten (elastischen und bleibenden) Formänderungen im Körper sei.

In dieser Annahme waren — sofern sie nicht im Widerspruch mit der Beobachtung (Messung der Eindrucktiefen) geraten soll — zwei Annahmen enthalten:

1) Daß die Kugel, soweit sie Einfluß auf die Formänderung im Probestück hat, als starr anzusehen ist;

2) daß die elastischen Dehnungen im Probestück den Eindruckdurchmesser unverändert lassen und sich auf eine Verringerung der Eindrucktiefen beschränken sollen.

Bezüglich der Größe A_1 war oben angenommen worden, daß

$$A_1 = A_{el}{}^P + A_{bl}{}^P + A_{el}{}^K \ . \ . \ . \ . \ . \ . \ . \ . \ (30).$$

Hierin wäre $A_{el}{}^K$, die elastische Formänderungsarbeit in der Kugel, im Einklange mit der Annahme unter 1), durch eine elastische Formänderung der Kugel bedingt, die ohne Einfluß auf die Formänderung im Probestück ist.

Es ergibt sich aus diesen Annahmen die folgende physikalische Bedeutung des Gesetzes

$$A_1 = a_1 d^{n_1}:$$

Es stellt eine Beziehung dar zwischen der zur elastischen und bleibenden Formänderung des Probestückes verwandten Arbeit vermehrt um die zur elastischen Formänderung der Kugel verwandten Arbeit einerseits und der gesamten Formänderung des Probestückes anderseits.

Der Ausdruck:

$$\mathfrak{A}_1 = \frac{A_1}{V} = \frac{a_1 d^{n_1}}{\dfrac{\pi}{64 r} d^4} = \frac{a_1 \, 64 \, r}{\pi} d^{n_1 - 4} \ . \ . \ . \ . \ . \ . \ (32)$$

erscheint nach dieser Auffassung wegen der zur elastischen Formänderung der Kugel verwandten Arbeit größer, als der wirklichen Verdrängungsarbeit oder »Härte« entspricht.

Da anzunehmen ist, daß die in der Kugel aufgespeicherte elastische Formänderungsarbeit in gesetzmäßiger Weise mit der »Härte« eines Stoffes zunimmt, so würde eine Beurteilung der Härteeigenschaften von Stoffen nach der Beziehung:

$$A_1 = a_1 d^{n_1}$$

mit zunehmender Härte immer mehr von der wahren Härte abweichende — und zwar immer größere — Werte liefern.

Für die Auffassung, daß der beobachtete Eindruckdurchmesser ein Maß für die bleibende Formänderung im Probestück ist — die in den vorliegenden Versuchsgrenzen, wie ich oben erwähnte, in Widerspruch mit der Beobachtung steht, — liegt es nahe, den Zusammenhang zwischen der bleibenden Formänderungsarbeit — nachden obigen Annahmen durch den Unterschied von Fallarbeit und Zurücksprungsarbeit

$$A_{el}{}^P = A_1 - A_2 \ . \ . \ . \ . \ . \ . \ . \ . \ (29)$$

gegeben — und dem Eindruckdurchmesser d festzustellen.

Zahlentafel IV.

Flußeisen I. $A_1 = 1712\, d^{4,19}$. $A_1 - A_2 = 1155\, d^{4,53}$. $A_1 + A_2 = 2273\, d^4$.

Fallhöhe H_1	Sprunghöhe H_2	Eindruckdurchmesser d, beobachtet	$A_1 = G H_1$	Eindruckdurchmesser, berechnet aus dem Gesetze $A_1 = a_1 d^{'1}$	Unterschied zwischen beobachtetem und berechnetem Eindruckdurchmesser	$\mathfrak{A}_1 = \frac{A_1}{V}$ beobachtet	$\mathfrak{A}_1$ berechnet nach der Formel $\mathfrak{A}_1 = \frac{64\,a_1\,r}{\pi}\,d^{n_1-4}$	$A_1 - A_2 = G(H_1 - H_2)$	Eindruckdurchmesser, berechnet aus dem Gesetz $A_1 - A_2 = a_2 d^{n_2}$	Unterschied zwischen beobachtetem und berechnetem Eindruckdurchmesser	$\mathfrak{A}_2 = \frac{A_1 - A_2}{V}$ beobachtet	$\mathfrak{A}_2$ berechnet nach der Formel $\mathfrak{A}_2 = \frac{64\,a_2\,r}{\pi}\,d^{m_2-4}$	$A_1 + A_2 = G(H_1 + H_2)$	Eindruckdurchmesser, berechnet aus dem Gesetz $A_1 + A_2 = c V$	Unterschied zwischen beobachtetem und berechnetem Eindruckdurchmesser	$c = \frac{A_1 + A_2}{V}$ beobachtet	c berechnet nach der Formel $c = \frac{A_1 + A_2}{\frac{\pi}{64\,r}\,d^4}$
mm	mm	mm	mmg	mm	mm	mmkg/mm³	mmkg/mm³	mmg	mm	mm	mmkg/mm³	mmkg/mm³	mmg	mm	mm	mmkg/mm³	mmkg/mm³
200	73	0,838	815	0,838	0,0	168,5	168,5	518	0,838	0,0	107	107	1112	0,836	−0,002	230	
400	132	0,984	1630	0,988	+0,004	177,5	174,3	1092	0,988	+0,004	119	117,1	2168	0,988	+0,004	236	
600	182	1,092	2445	1,089	−0,003	175,7	177,4	1703	1,090	−0,002	122,4	123	3187	1,088	−0,004	229	
800	230	1,166	3260	1,166	0,0	179,5	179,5	2323	1,167	+0,001	128	127,9	4197	1,166	0,0	231	231,5
1000	275	1,235	4075	1,230	−0,005	179	181,5	2954	1,230	−0,005	130	131,6	5196	1,229	−0,006	228	
1200	320	1,283	4890	1,285	+0,002	184	183	3586	1,284	+0,001	135	134,5	6194	1,285	+0,002	233	
1400	360	1,332	5705	1,333	+0,001	185,4	184,2	4238	1,133	+0,001	157,5	137	7172	1,332	0,0	233	
1600	400	1,376	6520	1,376	0,0	185,3	185,3	4890	1,376	0,0	139,5	139,5	8150	1,376	0,0	231	

Zahlentafel V.

Flußeisen II. $A_1 = 1860\, d^{4,20}$. $A_1 - A_2 = 1205\, d^{4,60}$. $A_1 + A_2 = 2504\, d^4$.

Fallhöhe H_1	Sprunghöhe H_2	Eindruckdurchmesser d, beobachtet	$A_1 = G H_1$	Eindruckdurchmesser, berechnet aus dem Gesetze $A_1 = a_1 d^{'1}$	Unterschied zwischen beobachtetem und berechnetem Eindruckdurchmesser	$\mathfrak{A}_1 = \frac{A_1}{V}$ beobachtet	$\mathfrak{A}_1$ berechnet nach der Formel	$A_1 - A_2 = G(H_1 - H_2)$	Eindruckdurchmesser, berechnet aus dem Gesetz $A_1 - A_2 = a_2 d^{n_2}$	Unterschied zwischen beobachtetem und berechnetem Eindruckdurchmesser	$\mathfrak{A}_2 = \frac{A_1 - A_2}{V}$ beobachtet	$\mathfrak{A}_2$ berechnet nach der Formel	$A_1 + A_2 = G(H_1 + H_2)$	Eindruckdurchmesser, berechnet aus dem Gesetz $A_1 + A_2 = c V$	Unterschied zwischen beobachtetem und berechnetem Eindruckdurchmesser	$c = \frac{A_1 + A_2}{V}$ beobachtet	c berechnet nach der Formel
200	80	0,820	815	0,822	+0,002	183,8	182	489	0,822	+0,002	110	109,1	1141	0,822	+0,002	257,5	
400	145	0,963	1630	0,969	+0,006	194,3	188,6	1039	0,968	+0,005	123,5	120,5	2221	0,971	+0,008	263	
600	196	1,076	2445	1,067	−0,009	186	192,8	1646	1,069	−0,007	125	127,8	3244	1,066	−0,010	247	
800	247	1,144	3260	1,143	−0,001	194	195	2253	1,146	+0,002	134	133	4267	1,143	−0,001	254	255
1000	295	1,214	4075	1,205	−0,009	191,5	197,4	2873	1,208	−0,006	135	137,1	5277	1,205	−0,009	248	
1200	345	1,256	4890	1,259	+0,003	200,5	199,5	3484	1,259	+0,003	143	142,5	6296	1,259	+0,003	258	
1400	383	1,303	5705	1,306	+0,003	201,5	200,5	4144	1,307	+0,004	145,5	144	7266	1,306	+0,003	257,5	
1600	428	1,349	6520	1,348	−0,001	200,3	201	4776	1,348	−0,001	146,5	147	8264	1,348	−0,001	254	

Zahlentafel VI. Messing I. $A_1 = 834{,}5\ d^{4,12}$. $A_1 - A_2 = 618\ d^{4,30}$. $A_1 + A_2 = 1055\ d^4$.

200	52	0,995	815	0,994	−0,001	84,4	84,8	603	0,994	−0,001	62,8	63,1	1027	0,994	−0,001	106	
400	92	1,173	1630	1,176	+0,003	87,8	87	1255	1,179	+0,006	67,5	66,3	2005	1,174	+0,001	108	
600	140	1,302	2445	1,298	−0,004	86,4	87,8	1874	1,294	−0,008	66,3	68	3016	1,301	−0,001	106,5	107,5
800	180	1,419	3260	1,392	−0,027	81,8	88,5	2426	1,388	−0,031	63,5	69,3	3994	1,394	−0,025	100	
1000	208	1,459	4075	1,469	+0,010	91,8	89	3227	1,468	+0,009	72,5	70,5	4923	1,470	+0,011	111	
1200	245	1,541	4890	1,536	−0,005	88,1	89,5	3892	1,534	−0,007	70,2	71,6	5888	1,537	−0,004	106	
1400	275	1,603	5705	1,594	−0,009	88	89,9	4584	1,593	−0,010	71	72,3	6826	1,595	−0,008	105	
1600	305	1,636	6520	1,647	+0,011	92,5	90,2	5277	1,647	+0,011	75	72,7	7763	1,647	+0,011	110	

Zahlentafel VII. Messing II. $A_1 = 677\ d^{4,04}$. $A_1 - A_2 = 563\ d^{4,12}$. $A_1 + A_2 = 779{,}5\ d^4$.

200	35	1,071	815	1,047	−0,024	63,1	69,2	672	1,044	−0,027	52,2	57,7	958	1,053	−0,018	74	
400	60	1,243	1630	1,243	0,0	69,6	69,6	1385	1,244	+0,001	59,3	59	1875	1,245	+0,002	80	
600	87	1,365	2445	1,374	+0,009	71,8	69,8	2090	1,375	+0,010	61,3	59,6	2800	1,377	+0,012	82,2	
800	112	1,485	3260	1,476	− 0,009	68,9	70	2804	1,477	−0,008	59,2	60,1	3716	1,478	−0,007	78,5	79,4
1000	138	1,558	4075	1,559	+0,001	70,6	70,2	3513	1,560	+0,002	61	60,7	4637	1,561	+0,003	80,2	
1200	163	1,631	4890	1,631	0,0	70,4	70,4	4226	1,631	0,0	61	61	5554	1,635	+0,004	80	
1400	185	1,695	5705	1,695	0,0	70,6	70,6	4951	1,695	0,0	61,2	61,2	6459	1,697	+0,002	78,8	
1600	206	1,747	6520	1,752	+0,005	71,3	70,7	5681	1,752	+0,005	62	61,5	7359	1,752	+0,005	80,6	

Zahlentafel VIII. Messing III. $A_1 = 561\ d^{4,115}$. $A_1 - A_2 = 471\ d^{4,25}$ $A_1 + A_2 = 653\ d^4$.

200	30	1,095	815	1,095	0,0	57,9	57,9	693	1,095	0,0	49,2	49,2	937	1,095	0,0	66,5	
400	55	1,285	1630	1,296	+0,011	60,9	58,8	1406	1,293	+0,008	52,5	51,2	1854	1,298	+0,013	69,2	
600	75	1,419	2445	1,430	+0,011	61,4	59,5	2139	1,428	+0,009	53,8	52,5	2751	1,433	+0,014	69	
800	88	1.542	3260	1,534	−0,008	58,6	59,9	2902	1,534	−0,008	52,1	53,3	3618	1,534	−0,008	65	66,5
1000	101	1,625	4075	1,619	−0,006	59,5	60,3	3663	1,620	−0,005	53,5	54,1	4487	1,619	−0,006	65,5	
1200	115	1,701	4890	1,692	−0,009	59,4	60,8	4421	1,694	−0,007	53,8	54,7	5359	1,692	−0,009	65	
1400	128	1,763	5705	1,757	−0,006	60,3	61,1	5183	1,759	−0,004	54,7	55,1	6227	1,759	−0,004	65,8	
1600	140	1,811	6520	1,815	+0,004	63,1	61,3	5949	1,815	+0,004	59	55,7	7091	1,815	+0,004	67,2	

Zahlentafel IX. Werkzeugstahl I. $A_1 = 2851\ d^{4,18}$. $A_1 - A_2 = 1422\ d^{4,76}$. $A_1 + A_2 = 4256\ d^4$.

200	117	0,740	815	0,741	+0,001	277	275	338	0,739	−0,001	115	115,6	1292	0,742	+0,002	439	
400	215	0,875	1630	0,875	0,0	283	283	754	0,875	0,0	132	132	2506	0,875	0,0	434	
600	305	0,970	2445	0,964	−0,006	281,7	289	1202	0,965	−0,005	138,4	141	3688	0,965	−0,005	425	
800	390	1,034	3260	1,033	−0,001	290	292	1671	1,034	0,0	149	149	4849	1,033	−0,001	431	433,5
1000	470	1,088	4075	1,089	+0,001	296	295	2160	1,092	+0,004	157	154,5	5990	1,090	+0,002	435	
1200	550	1,133	4890	1,138	+0,005	302	297	2649	1,139	+0,006	164	161,1	7131	1,137	+0,004	440	
1400	630	1,182	5705	1,180	−0,002	298	299	3138	1,181	−0,001	164	164,5	8272	1,180	−0,002	432	
1600	700	1,220	6520	1,219	−0,001	300	301	3668	1,220	0,0	160	169	9372	1,218	−0,002	431	

Zahlentafel X.
Werkzeugstahl II. $A_1 = 3075\ d^{4,20}$. $A_1 - A_2 = 1453\ d^{4,80}$. $A_1 + A_2 = 4683\ d^4$.

Fallhöhe H_1	Sprunghöhe H_2	Eindruckdurchmesser d, beobachtet	$A_1 = G H_1$	Eindruckdurchmesser, berechnet aus dem Gesetze $A_1 = a_1 d^{n_1}$	Unterschied zwischen beobachtetem und berechnetem Eindruckdurchmesser	$\mathfrak{A}_1 = \dfrac{A_1}{V}$ beobachtet	berechnet nach der Formel $\mathfrak{A}_1 = \dfrac{64\,a_1\,r}{\pi}\,d^{n_1-4}$	$A_1 - A_2 = G(H_1 - H_2)$	Eindruckdurchmesser, berechnet aus dem Gesetz $A_1 - A_2 = a_2 d^{n_2}$	Unterschied zwischen beobachtetem und berechnetem Eindruckdurchmesser	$\mathfrak{A}_2 = \dfrac{A_1 - A_2}{V}$ beobachtet	berechnet nach der Formel $\mathfrak{A}_2 = \dfrac{64\,a_2\,r}{\pi}\,d^{n_2-4}$	$A_1 + A_2 = G(H_1 + H_2)$	Eindruckdurchmesser, berechnet aus dem Gesetz $A_1 + A_2 = cV$	Unterschied zwischen beobachtetem und berechnetem Eindruckdurchmesser	$c = \dfrac{A_1 + A_2}{V}$ beobachtet	berechnet nach der Formel $c = \dfrac{\pi}{64}\dfrac{d^4}{r}$
mm	mm	mm	mmg	mm	mm	mmkg/mm³	mmkg/mm³	mmg	mm	mm	mmkg/mm³	mmkg/mm³	mmg	mm	mm	mmkg/mm³	mmkg/mm³
200	122	0,729	815	0,729	0,0	294,3	294,3	318	0,729	0,0	114,5	114,5	1312	0,728	−0,001	474	
400	226	0,864	1630	0,860	−0,004	298,3	304	709	0,861	−0,003	129,5	131,5	2551	0,859	−0,005	467	
600	323	0,949	2445	0,947	−0,002	307,5	309,5	1129	0,947	−0,002	141	142	3761	0,947	−0,002	474	
800	418	1,009	3260	1,014	+0,005	320,5	314	1554	1,015	+0,006	154	150	4963	1,014	+0,005	487	477
1000	503	1,074	4075	1,070	− 0,004	312,5	316,5	2025	1,072	−0,002	155	156,5	6125	1,069	−0,005	470	
1200	598	1,113	4890	1,117	+0,004	325,3	319,5	2463	1,117	+0,004	164,5	161,5	7327	1,118	+0,005	486	
1400	680	1,159	5705	1,159	0,0	322,8	322,8	2934	1,160	+0,001	166,5	165,2	8476	1,161	+0,002	479	
1600	760	1,196	6520	1,196	0,0	325	325	3423	1,196	0,0	171	171	9617	1,198	+0,002	479	

Zahlentafel XI.
Deltametall. $A_1 = 845\ d^{4,10}$. $A_1 - A_2 = 633\ d^{4,26}$. $A_1 + A_2 = 1058\ d_4$.

Fallhöhe H_1	Sprunghöhe H_2	d, beobachtet	$A_1 = G H_1$	berechnet	Unterschied	$\mathfrak{A}_1$ beob.	$\mathfrak{A}_1$ berechnet	$A_1 - A_2$	berechnet	Unterschied	$\mathfrak{A}_2$ beob.	$\mathfrak{A}_2$ berechnet	$A_1 + A_2$	berechnet	Unterschied	c beob.	c berechnet
200	50	1,004	815	0,991	−0,013	81,9	86,2	611	0,991	−0,013	61,2	64,5	1019	0,991	− 0,013	102,5	
400	95	1,178	1630	1,174	−0,004	86,1	87,5	1243	1,171	−0,007	65,7	67,2	2017	1,175	−0,003	106,5	
600	135	1,287	2445	1,296	+0,009	91,1	88,3	1895	1,294	+0,007	70,7	68,9	2995	1,297	+0,010	111,4	
800	170	1,384	3260	1,390	−0,006	90,4	88,9	2567	1,388	+0,004	71,2	70,2	3953	1,390	+0,006	109,5	107,8
1000	205	1,467	4075	1,468	+0,001	89,9	89,4	3240	1,468	+0,001	71,3	71	4910	1,468	+0,001	108,5	
1200	238	1,535	4890	1,534	−0,001	89,7	90	3920	1,534	−0,001	72	72,1	5860	1,534	−0,001	107,4	
1400	270	1,598	5705	1,593	− 0,005	89,8	90,4	4605	1,593	−0,005	72	72,9	6805	1,593	−0,005	106,5	
1600	302	1,637	6520	1,644	+0,007	92,5	91	5279	1,646	+0,009	75	73,4	7751	1,646	+0,009	110	

Zahlentafel XII. Schienenstahl. $A_1 = 2161\,d^{4,13}$. $A_1 - A_2 = 1316\,d^{4,57}$. $A_1 + A_2 = 3004\,d^4$.

																	Mittel
200	90	0,790	815	0,790	0,0	213,2	213,2	448	0,790	0,0	117,4	117,4	1182	0,792	+0,002	309	
400	162	0,932	1630	0,934	+0,002	219,9	218,5	970	0,935	+0,003	130,8	128,8	2290	0,936	+0,004	309	
600	229	1,028	2445	1,030	+0,002	222,6	221,5	1512	1,031	+0,003	137,6	136	3378	1,029	+0,001	307,5	
800	292	1,102	3260	1,105	+0,003	224,8	223	2070	1,104	+0,002	142,6	141,6	4450	1,103	+0,001	307	306
1000	355	1,164	4075	1,166	+0,002	226	224,5	2628	1,164	0,0	146	146	5522	1,164	0,0	306	
1200	405	1,218	4890	1,219	+0,001	227	226	3240	1,218	0,0	150	150	6540	1,215	−0,003	304	
1400	455	1,265	5705	1,265	0,0	226,7	226,7	3851	1,265	0,0	153,4	153,4	7559	1,259	−0,006	300	
1600	503	1,301	6520	1,307	+0,006	231,8	227,5	4470	1,307	+0,006	158,6	155,8	8570	1,299	−0,002	305	

Zahlentafel XIII. Nickelstahl. $A_1 = 1936\,d^{4,18}$. $A_1 - A_2 = 1246\,d^{4,56}$. $A_1 + A_2 = 2618\,d_4$.

																	Mittel
200	81	0,811	815	0,813	+0,002	191,8	190,1	485	0,813	+0,002	114,5	113,4	1145	0,813	+0,002	269	
400	150	0,954	1630	0,960	+0,006	200,5	195,5	1019	0,957	+0,003	125,5	124,1	2241	0,962	+0,008	275,5	
600	212	1,064	2445	1,057	−0,007	194,9	199,8	1581	1,054	−0,010	125,8	130,7	3309	1,061	−0,003	264	
800	260	1,135	3260	1,133	−0,002	200,5	202	2200	1,133	− 0,002	135,5	136,1	4320	1,133	−0,002	265,5	266,7
1000	315	1,198	4075	1,195	−0,003	201,3	204	2791	1,193	−0,005	138	140,5	5359	1,196	−0,002	264,5	
1200	360	1,256	4890	1,248	−0,008	201,3	205,5	3422	1,248	−0,008	140,5	144,2	6357	1,248	−0,008	262	
1400	406	1,293	5705	1,295	+0,002	208,5	206,7	4051	1,295	+0,002	148	146,6	7359	1,295	+0,002	269	
1600	446	1,340	6520	1,337	−0,003	206,3	207,8	4703	1,337	−0,003	148,5	149,8	8337	1,335	−0,005	264	

Zahlentafel XIV. Aeterna-Metall. $A_1 = 978\,d^{4,17}$. $A_1 - A_2 = 670\,d^{4,46}$. $A_1 + A_2 = 1288\,d^4$.

																	Mittel
200	65	0,957	815	0,957	0,0	99,1	99,1	550	0,957	0,0	66,8	66,8	1080	0,957	0,0	131,4	
400	116	0,133	1630	1,130	−0,003	100,8	101,8	1157	1,131	−0,002	71,5	72,1	2103	1,130	−0,003	130	
600	165	1,239	2445	1,246	+0,007	105,5	103,4	1773	1,243	+0,004	76,5	75,4	3117	1,248	+0,009	134,5	
800	210	1,336	3260	1,335	−0,001	104,4	104,5	2404	1,331	−0,005	77	77,8	4116	1,337	+0,001	131,8	131,2
1000	245	1,410	4075	1,408	−0,002	105,1	105,6	3077	1,407	−0,003	79,2	79,7	5073	1,409	−0,001	131	
1200	280	1,471	4890	1,471	0,0	106,5	106,5	3749	1,471	0,0	81,8	81,8	6031	1,471	0,0	131,2	
1400	317	1,537	5705	1,527	−0,010	104,5	107,3	4413	1,527	− 0,010	81	82,8	6997	1,527	−0,010	128	
1600	357	1,574	6520	1,576	+0,002	108,1	107,9	5065	1,575	+0,001	84,2	84	7975	1,577	+0,003	132	

Zahlentafel XV. Kupfer Cu III (gewalzt). $A_1 = 425\,d^{4,02}$. $A_1 - A_2 = 400\,d^{4,035}$. $A_1 + A_2 = 450\,d^4$.

																	Mittel
200	11	1,176	815	1,176	0,0	43,5	43,5	770	1,176	0,0	41,1	41,1	860	1,176	0,0	45,9	
400	22	1,407	1630	1,397	−0,010	42,5	43,7	1540	1,397	−0,010	40,1	41,3	1720	1,398	−0,009	44,8	
600	32	1,541	2445	1,545	+0,004	44,1	43,8	2315	1,544	+0,003	41,7	41,4	2575	1,547	+0,006	46,5	
800	43	1,668	3260	1,660	−0,008	42,9	43,8	3085	1,659	−0,009	40,6	41,5	3435	1,562	−0,006	45,2	45,9
1000	51	1,751	4075	1,755	+0,004	44,2	43,8	3867	1,754	+0,003	41,9	41,6	4283	1,756	+0,005	46,4	
1200	60	1,834	4890	1,836	+0,002	44,1	43,9	4645	1,836	+0,002	41,9	41,7	5135	1,838	+0,004	46,2	
1400	68	1,906	5705	1,908	+0,002	44,2	43,9	5428	1,908	+0,002	42	41,8	5982	1,908	+0,002	46,4	
1600	76	1,977	6520	1,972	−0,005	43,6	44	6210	1,973	−0,004	41,4	41,8	6830	1,974	−0,003	45,7	

In Fig. 8 ist $A_1 - A_2$ als Funktion von d in einem rechtwinkligen Koordinatensystem aufgetragen.

Es ergeben sich regelmäßige Kurven, die in ihrem Verlauf den Exponentialkurven der Fig. 6 ähneln.

In der Vermutung, daß auch $A_1 - A_2 = f(d)$ eine Exponentialfunktion ist, wählte ich auch für sie die logarithmisch-graphische Darstellung.

In Fig. 9 sind also die Kurven der $\log (A_1 - A_2)$ in Funktion der $\log d$ aufgezeichnet; auch diese Punkte schmiegen sich mit großer Annäherung geraden Linien an.

Ebenso ergibt die rechnerische Kontrolle (s. Zahlentafel IV bis XV) die Gültigkeit der Beziehung:

$$A_1 - A_2 = a_2 d'_2 \quad . \quad . \quad . \quad . \quad . \quad . \quad . \quad . \quad (33).$$

Die Werte von a_2 liegen zwischen 400 und 1453 mmg (Zahlentafel XVI).

Für $d = 1$ wird $A_1 - A_2 = a_2$; a_2 ist also die bleibende Formänderungsarbeit, welche aufgewandt werden muß, um den Eindruckdurchmesser $d = 1$ mm hervorzubringen.

Die Werte von n_2 liegen zwischen 4,035 und 4,80.

Die physikalische Bedeutung des Gesetzes

$$A_1 - A_2 = a_2 d^{n_2}$$

ergibt sich aus dem oben gelegentlich der Beurteilung des Gesetzes

$$A_1 = a_1 d^{n_1}$$

Gesagten.

Danach ist das Gesetz

$$A_1 - A_2 = a_2 d^{n_2}$$

als eine Beziehung zwischen der bleibenden Formänderungsarbeit und der gesamten (bleibenden und elastischen) Formänderung im Probestück aufzufassen.

Bei einer Beurteilung der Härteeigenschaften von Stoffen aus dieser Beziehung wäre zu berücksichtigen, daß die spezifische Verdrängungsarbeit:

$$\mathfrak{A}_2 = \frac{A_1 - A_2}{V} = \frac{a_2 d^{n_2}}{\frac{\pi}{64\,r} d^4} = \frac{64\,r\,a_2}{\pi} d^{n_2 - 4} \quad . \quad . \quad . \quad . \quad (34)$$

je nach den elastischen Eigenschaften des Probestückes mehr oder weniger kleinere Werte ergeben wird, als den wirklichen Verhältnissen entspricht.

Die weitere Prüfung der Versuchsergebnisse führt mich zu einer auffallenden Beziehung, die Veranlassung bietet, auf die Annahmen hinsichtlich des Einflusses der elastischen Formänderungen in Kugel und Platte auf den beobachteten Eindruckdurchmesser zurückzukommen.

Ich finde nämlich für die zwölf von mir untersuchten Stoff, daß die Beziehung besteht:

$$A_1 + A_2 = c' d^4 \quad . \quad . \quad . \quad . \quad . \quad . \quad . \quad . \quad (35)\,[1]$$

---

[1] Zwischen der Konstante c' und den Konstanten a_1 (im Gesetze $A_1 = a_1 d^{n_1}$) und a_2 (im Gesetze $A_1 \cdot A_2 = a_2 d^{n_2}$) besteht eine Beziehung.

Denn es folgt aus:

$$
\begin{aligned}
A_1 &= a_1 d^{n_1}, \\
A_1 - A_2 &= a_2 d^{n_2} \\
\hline
A_1 + A_2 &= 2\,a_1 d^{n_1} - a_2 a^{n_2} \\
A_1 + A_2 &= c' d^4 \\
\hline
2\,a_1 d^{n_1} - a_2 d^{n_2} &= c' d^4
\end{aligned}
$$

für $d = 1 : c' = 2 a_1 - a_2$ (s. Zahlentafel XVI).

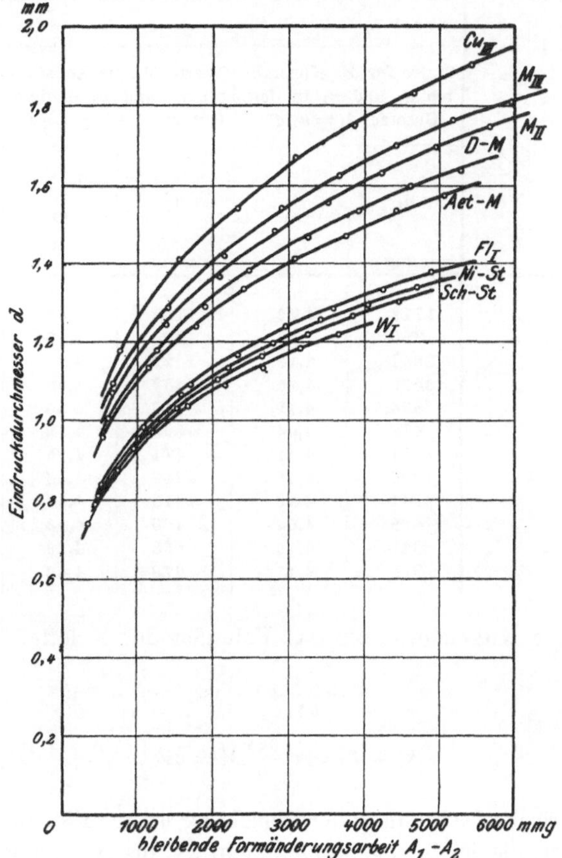

Fig. 8. Zusammenhang zwischen Eindruckdurchmesser und bleibender Formänderungsarbeit
bei der Kugelfallprobe. $A_1 - A_2 = a_2\, d^{n_2}$.

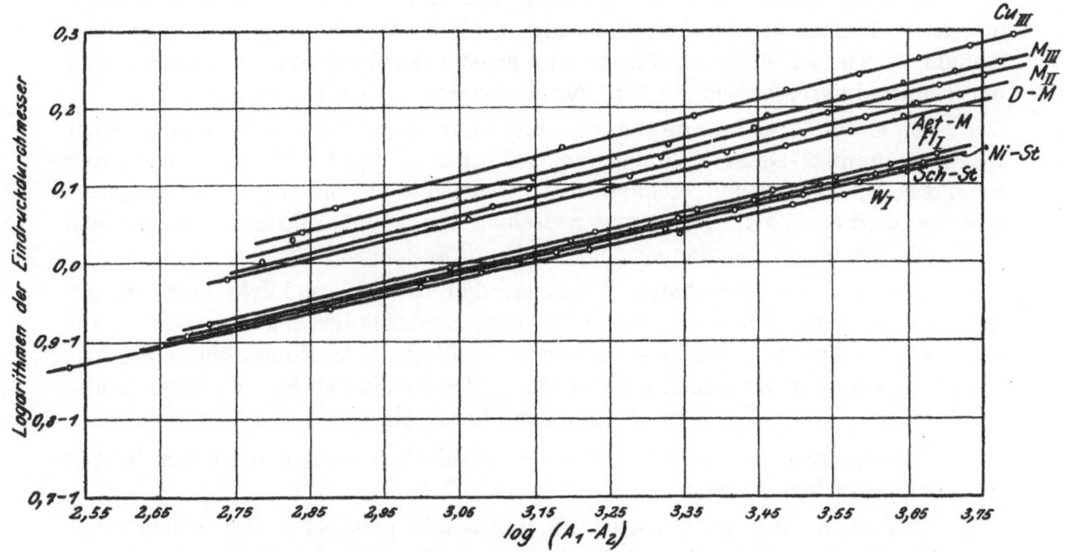

Fig. 9. Kurven: $\log (A_1 - A_2) = \log a_2 + n_2 \log d$.

Zahlen-

Stoff	Werte für die Konstanten a_1 und n_1 in dem Gesetze $A_1 = a_1\, d^{n_1}$		Werte für die Konstanten a_2 und n_2 in dem Gesetze $A_1 - A_2 = a_2\, d^{n_2}$		Kugelfall- Werte für die Konstanten c im Gesetze $A_1 + A_2 = cV$
	a_1	n_1	a_2	n_2	
	mmg		mmg		mmkg/mm³
Flußeisen I	1712	4,19	1155	4,53	231,5
» II	1860	4,20	1205	4,60	255
Werkzeugstahl I	2851	4,18	1422	4,76	433,5
» II	3075	4,20	1453	4,80	477
Messing I	834,5	4,12	618	4,30	107,5
» II	677	4,04	563	4,12	79,4
» IIt	561	4,115	471	4,25	66,5
Nickelstahl	1936	4,18	1246	4,56	266,7
Schienenstahl	2161	4,13	1316	4,57	306
Kupfer (gewalzt)	425	4,02	400	4,035	45,4
Deltametall	845	4,10	633	4,26	107,8
Aeterna-Metall	978	4,17	670	4,46	131,2

oder, da für kleine Kugeleindrücke das Volumen der Kalotte

$$V = \frac{\pi}{64\,r}\,d^4 \quad \text{ist,}$$

$$A_1 + A_2 = c'\,\frac{64\,r}{\pi}\,V = cV \quad . \quad . \quad . \quad . \quad . \quad . \quad . \quad (36).$$

Die zeichnerische Darstellung der Beziehung ist aus Fig. 10 zu ersehen; die rechnerische Kontrolle ist in den Zahlentafeln IV bis XV enthalten.

Eine einwandfreie Erklärung, welche die physikalische Bedeutung dieser Beziehung klar erkennen läßt, vermag ich nicht zu geben, sie ist aber jedenfalls in dem Einfluß der elastischen Dehnungen von Kugel und Platte zu suchen.

Ich hatte bisher daran festgehalten, daß der beobachtete Eindruckdurchmesser d ein Maß für die Formänderung im Probestück ist, und zwar war diese Annahme, wie ich oben ausführte, nur ermöglicht durch die Auffassung, daß der Eindruckdurchmesser ein Maß für die gesamte Formänderung ist.

Das Gesetz $P = a d^n$ gewann so die klare physikalische Bedeutung einer Gesamtspannungs-Gesamtdehnungsfunktion, und es ergab sich aus dem so aufgefaßten Druckgesetz auf rechnerischem Wege das entsprechende Arbeitsgesetz und weiter die einfache Beziehung zwischen den beiden Härtemaßstäben, dem mittleren Druck p_m und der spezifischen Verdrängungsarbeit $\mathfrak{A}$.

Nun wird die beobachtete Tatsache, daß die Eindrucktiefe nicht im gegebenen geometrischen Zusammenhange zum Eindruckdurchmesser steht — die ich bisher lediglich durch das elastische Verhalten des Probestückes erklärte —, zwangloser auf die gemeinsame Wirkung der elastischen Eigenschaften beider in Berührung tretenden Körper zurückzuführen sein.

Im Folgenden soll dieser Einfluß des elastischen Verhaltens beider Körper getrennt betrachtet werden.

Zu diesem Ende sei zunächst ein vollständig plastisches Probestück angenommen, für das die spezifische Verdrängungsarbeit $\mathfrak{A}$ unveränderlich sei.

tafel XVI.

probe			Kugeldruckprobe			
Werte für die Konstante c' in dem Gesetze $A_1 + A_2 = c'\,d^4$			Werte für die Konstanten a und n im Gesetze $P = a\,d^n$		Werte für die Konstanten a' und n' in dem abgeleiteten Gesetze $A = a'\,d^{n'}$	
berechnet aus $c' = \dfrac{\pi}{64\,r}\,c$	berechnet aus $c' = 2\,a_1 - a_2$	Unterschied	a	n	$a' = \dfrac{a}{4\,r\,(n+2)}$	$n' = n + 2$
mmg	mmg	mmg	kg/mm^2		mmg	
2273	2269	— 4	53	2,26	626	4,26
2504	2515	+11	59,7	2,43	674	4,43
4256	4280	+24	120	2,56	1316	4,56
4683	4697	+14	143	2,56	1586	4,56
1055	1051	— 4	—	—	—	—
779,5	791	+11,5	32,9	2,40	374	4,40
653	651	— 2	23,2	2,35	267	4,35
2618	2626	+ 8	—	—	—	—
3004	3006	+ 2	85,9	2,49	956	4,49
450	450	0,0	—	—	—	—
1058	1057	— 1	64,3	2,12	780	4,12
1288	1296	— 2	63,5	2,42	718	4,42

Läßt man eine vollkommen starre Kugel aus der Höhe H_1 (potentielle Energie A_1) auf das Probestück fallen, so wird ein Volumen

$$V_0 = \frac{A_1}{\mathfrak{A}}$$

verdrängt werden, das den Eindruckdurchmesser d_0 und die Eindrucktiefe h_0 haben möge. Der Zurücksprung ist in diesem Falle gleich null.

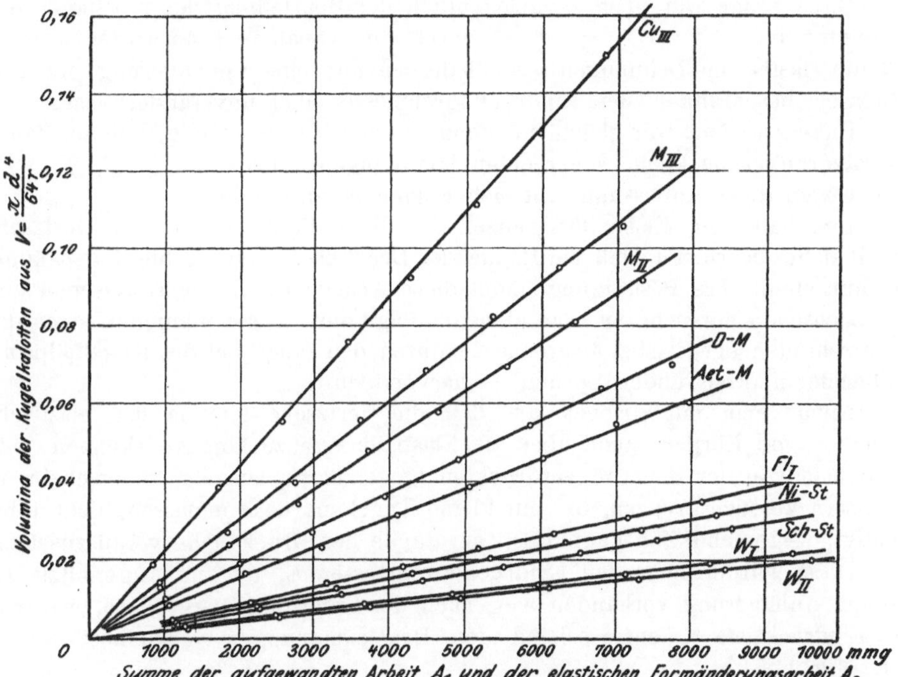

Fig. 10. Zusammenhang zwischen der Summe der Fallarbeit und der Zurücksprungarbeit $(A_1 + A_2)$ und dem Volumen V des Kugeleindruckes.

Eine elastische Kugel aus derselben Höhe wird entsprechend der in ihr aufgespeicherten elastischen Formänderungsarbeit A_2' bis zur Höhe H_2' zurückspringen.

Das verdrängte Volumen V' ist gleich $\frac{A_1 - A_2}{\mathfrak{A}}$, also kleiner als V_0.

Welchen Einfluß hat nun das elastische Verhalten der Kugel auf die Abmessungen d' und h' des verdrängten Volumens V'?

Im allgemeinen wird man sich die Beziehungen zwischen den Abmessungen der beiden Eindruckskalotten (V_0 und V') so vorstellen, daß die elastische Kugel ein Volumen V' verdrängt, das eine kleinere Eindrucktiefe, aber einen größeren Eindruckdurchmesser hat, als das von der starren Kugel verdrängte Volumen V_0, s. Fig. 11.

Läßt man, um den Einfluß elastischer Eigenschaften der Platte zu betrachten, eine starre Kugel aus der Höhe H_1 auf einen Körper von plastischen und elastischen Eigenschaften fallen, der im übrigen dieselben Härteeigenschaften (spezifische Verdrängungsarbeit $\mathfrak{A} = \text{konst}$) wie das vollkommen pla-

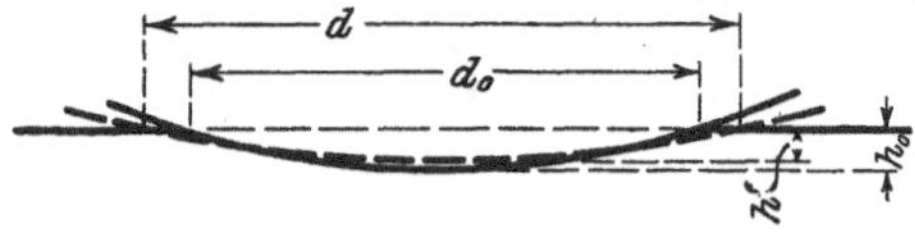

Fig. 11.

stische Probestück haben möge, so wird im Augenblick der größten Annäherung von Kugel und Platte dasselbe Volumen V_0 mit den Abmessungen d_0 und h_0 verdrängt sein. Entsprechend der in der Platte aufgespeicherten elastischen Formänderungsarbeit A_2'' wird die Kugel bis zu einer Höhe H_2'' zurückspringen.

Welchen Einfluß haben diese elastischen Formänderungen des Probestückes auf die Abmessungen der Kugelkalotte V_0?

Diese Frage war oben — gelegentlich der Beurteilung der physikalischen Bedeutung des Gesetzes $P = a d^n$ — durch die Annahme beantwortet worden, daß die elastischen Dehnungen sich lediglich auf eine Verringerung der Eindrucktiefe beschränken, den Eindruckdurchmesser aber unverändert lassen.

Diese Annahme war gleichbedeutend mit der Voraussetzung, daß am Rande der Eindruckfläche keine wagerechten Spannungen auftreten.

Gegen diese Auffassung läßt sich Folgendes einwenden:

Innerhalb der Elastizitätsgrenzen ist diese Frage durch die Hertzsche Arbeit dahin bearbeitet, daß am Rande der Druckfläche wagerechte Zugspannungen auftreten. Ihre Bestätigung findet diese Ansicht durch die Hertzschen und Auerbachschen Versuche an Glas, denen zufolge diese Zugspannngen sogar das Ueberschreiten der Elastizitätsgrenze — durch den (auch bei der Kugelfallprobe beobachteten) kreisrunden Sprung — hervorrufen.

Nimmt man mit Stribeck an, daß die Hertzsche Theorie das elastische Verhalten von Körpern auch über die Elastizitätsgrenze hinaus erkennen läßt, wenn man von der dauernd verdrückten Kugelkalotte ausgeht, so erscheint es in unsern Versuchsgrenzen, die nur kleine Kugeleindrücke umfassen, nicht unberechtigt, wagerechte Zugspannungen am Rande der Druckfläche vorauszusetzen.

Diese würden aber den Eindruckdurchmesser d_0, der im Augenblick der größten Annäherung vorhanden war, nach der Entlastung vergrößern, während die Eindrucktiefe h_0 entsprechend den Druckspannungen verkleinert würde, siehe Fig. 11.

Faßt man das Ergebnis dieser Betrachtungen zusammen, so läßt sich die Ansicht vertreten, daß die den Zurücksprung bedingenden elastischen Form-

änderungen in Kugel und Platte gemeinsam den beobachteten Eindruckdurchmesser d größer erscheinen lassen als den Eindruckdurchmesser d_0, den eine
starre Kugel im Augenblicke der größten Annäherung in einem Körper von
plastischen und elastischen Eigenschaften hervorbringen würde. (siehe Fig. 12.)

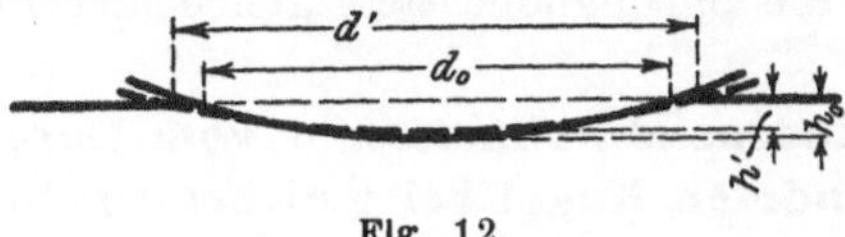

Fig. 12.

Entsprechend der Annahme einer unveränderlichen spezifischen Verdrängungsarbeit $\mathfrak{A}$ ist die Beziehung zwischen aufgewandter Arbeit A_1 und dem Eindruckdurchmesser d_0 gegeben durch

$$A_1 = \mathfrak{A} V_0 = \frac{\mathfrak{A} \pi}{64\, r}\, d_0{}^4 = c_0 d_0{}^4 \quad \ldots \ldots \quad (37).$$

Die Beobachtung wird aber eine andre Funktion

$$A_1 = f(d) \quad \ldots \ldots \ldots \quad (38)$$

liefern.

Diese Beziehung hat nach der oben entwickelten Auffassung keine physikalische Bedeutung, da das wirklich verdrängte Volumen mit dem aus dem beobachteten Eindruckdurchmesser berechneten nichts zu tun hat.

Die Funktion $A_1 = f(d)$ ist hiernach eine Beziehung zwischen einer Arbeit
(A_1) und einem ideellen Volumen (V) und die Folgerung hinsichtlich des Verlaufes der wahren spezifischen Verdrängungsarbeit $\mathfrak{A}$ aus der Beziehung:

$$\mathfrak{A}_1 = \frac{A_1}{V} = \frac{f(d)}{\dfrac{\pi}{64\, r} d^4}$$

unzulässig.

Nun wird das aus dem beobachteten Eindruckdurchmesser d berechnete
ideelle Volumen um so mehr von dem wirklich verdrängten Volumen abweichen,
je größer die der Zurücksprungarbeit A_2 entsprechenden elastischen Dehnungen
in Kugel und Platte sind, oder mit andern Worten: Die Fallarbeit A_1 und die
Zurücksprungarbeit A_2 sind gemeinsam in gleichem Sinne an der Hervorbrin-
gung des beobachteten Eindruckdurchmessers d beteiligt.

Durch Versuch fand ich, wie oben gezeigt:

$$A_1 + A_2 = c' d^4 = c V \quad \ldots \ldots \ldots \quad (36).$$

Nach den obigen Ausführungen scheint diese Beziehung auf eine stets
gleiche spezifische Verdrängungsarbeit, innerhalb der vorliegenden Versuchsgrenzen, für alle untersuchten Stoffe hinzuweisen.

Abgesehen von ihrer physikalischen Bedeutung ist die Beziehung

$$A_1 + A_2 = c V \quad \ldots \ldots \ldots \quad (36)$$

geeignet — ohne Beobachtung der Formänderung im Probestück —, über
den Verlauf der spezifischen Verdrängungsarbeit $\mathfrak{A}_1 = \dfrac{A_1}{V}$ Aufschluß zu geben.
Denn es folgt aus den Gesetzen:

$$A_1 = a_1 d^m \quad \ldots \ldots \ldots \quad (31),$$
$$A_1 + A_2 = c V \quad \ldots \ldots \ldots \quad (36);$$
$$\frac{A_1}{A_1 + A_2} = \frac{A_1}{c V} = \frac{1}{c}\, \mathfrak{A}_1$$

oder

$$\frac{H_1}{H_1 + H_2} = \frac{1}{c}\, \mathfrak{A}_1 \quad \ldots \ldots \ldots \quad (40).$$

Das Verhältnis der Fallhöhe zur Summe der Höhe und des Zurücksprunges ist also proportional der spezifischen Verdrängungsarbeit a_1.

Wenn man annehmen darf, daß das Gesetz $A_1 + A_2 = cV$ für alle Stoffe gültig ist, so folgt aus Gl. (40), daß für einen Stoff, dessen spezifische Verdrängungsarbeit $\mathfrak{A}$ konstant ist, die Sprunghöhe stets gleich der Fallhöhe ist.

Abhängigkeit der Eindruckdurchmesser d vom Durchmesser D der verwendeten Kugel bei gleicher Fallhöhe.

Um die Abhängigkeit der spezifischen Verdrängungsarbeit $\mathfrak{A}$ vom Durchmesser D der verwendeten Kugel festzustellen, wurden für die meisten untersuchten Stoffe bei gleicher Fallhöhe ($H_1 = 1000$ mm) und verschiedenen Kugeldurchmessern ($D = 4$, 6, 8, 10, 12, 14, 16, 18, 20 mm) die Eindruckdurchmesser ermittelt und die entsprechenden Zurücksprünge beobachtet.

Die Anwendung des Kickschen »Gesetzes der proportionalen Widerstände« auf den vorliegenden Fall läßt uns im voraus bestimmte Erwartungen in bezug auf die Versuchsergebnisse haben.

Nach dem Kickschen Gesetz verhalten sich für geometrisch ähnliche Eindrücke die aufzuwendenden Formänderungsarbeiten wie die Volumina der Eindrücke:

$$A_1 : A_2 = V_1 : V_2 \quad \ldots \ldots \ldots \ldots (41).$$

Für geometrisch ähnliche Kugeleindrücke gilt aber auch die geometrische Beziehung:

$$V_1 : V_2 = D_1{}^3 : D_2{}^3 \quad \ldots \ldots \ldots \ldots (42).$$

Aus beiden Gleichungen folgt:

$$A_1 : A_2 = D_1{}^3 : D_2{}^3 \quad \ldots \ldots \ldots \ldots (43).$$

Verhalten sich also die Arbeiten wie die dritten Potenzen der Kugeldurchmesser, so entstehen — dem Kickschen Gesetz zufolge — geometrisch ähnliche Eindrücke.

Diese Bedingung ist für Kugeln verschiedenen Durchmessers, welche aus derselben Höhe fallen, erfüllt, denn die Fallarbeiten verhalten sich wie die dritten Potenzen der Kugeldurchmesser.

Hiernach wären für die vorliegenden Versuche die Beziehung:

$$V_1 : V_2 = D_1{}^3 : D_2{}^3 \quad \ldots \ldots \ldots \ldots (42)$$

zu erwarten.

Diese Forderung des Kickschen Gesetzes gilt auch — vorausgesetzt, daß die Kugel verschiedener Durchmesser gleiche Festigkeitseigenschaften haben —, wenn man eine elastische Formänderung der Kugel annimmt. Denn da die in Betracht kommenden Formänderungsarbeiten sich wie die Volumina der Kugeln verhalten, so müssen nach dem Kickschen Gesetz auch die Kugeln — als geometrisch ähnliche Anfangsformen — auch geometrisch ähnliche Endformen annehmen[1]).

Uebersichtlicher gestaltet sich die erwartete Beziehung:

$$V_1 : V_2 = D_1{}^3 : D_2{}^3 \quad \ldots \ldots \ldots \ldots (42),$$

wenn man berücksichtigt, daß

$$V_1 : V_2 = d_1{}^3 : d_2{}^3 = h_1{}^3 : h_2{}^3 \quad \ldots \ldots \ldots (44),$$

worin h die Eindrucktiefe.

---

[1]) Von derselben Auffassung geht Kick (a. a. O. S. 6) aus, wenn er zur Kennzeichnung der dynamischen »Bruchfestigkeit von Kugeln verschiedenen Durchmessers den Begriff der Bruchhöhe« empfiehlt.

Aus beiden Gleichungen folgt:

$$d = cD \qquad \dots \qquad (45),$$
$$h = c'D \qquad \dots \qquad (46).$$

Das Kicksche Gesetz fordert hiernach, daß für Kugeln verschiedenen urchmessers, welche aus derselben Höhe auf einen Körper fallen, der Eindruckdurchmesser d und die Eindrucktiefe h proportional dem Kugeldurchmesser sind, die spezifische Verdrängungsarbeit

$$\mathfrak{A}_1 = \frac{A_1}{V}$$

also unabhängig vom Kugeldurchmesser ist.

Dies gilt ganz allgemein.

Für den besondern Fall, daß die Elastizitätsgrenze nicht überschritten wird, folgten diese Beziehungen aus den Hertzschen Gleichungen (s. oben S. 9).

Läßt sich die Berechtigung, das Kicksche Gesetz für den vorliegenden Fall anzuwenden, nachweisen, so ist weiter zu schließen (vergl. die analogen Schlüsse von Meyer [a. a. O. S. 13]), daß für eine Kugel von beliebigem Durchmesser D_x in dem Gesetz

$$A_1 = a_{1x} d^{n_{1x}} \qquad \dots \qquad (47)$$

die Stoffkonstante n_{1x} unabhängig vom Kugeldurchmesser gleich n_1 ist, die Stoffkonstante a_{1x} sich — für kleine Eindrücke — ergibt aus:

$$a_{1x} = a_1 \left(\frac{D}{D_x} \right)^{n_1 - 3} \qquad \dots \qquad (48),$$

Die Prüfung der Beziehung

$$d = cD \qquad \dots \qquad (45)$$

mittels der Kugelfallprobe ergibt aber keine einwandfreie Bestätigung.

Wie aus der Zahlentafel XVII zu ersehen ist, nimmt das Verhältnis $c = \dfrac{d}{D}$ für einige (Fl I; Fl II; M II; M III; Cu II) der elf untersuchten Stoffe in unverkennbarer Weise mit wachsendem Kugeldurchmesser zu.

In Fig. 13 und 14 sind die Eindruckdurchmesser d in Funktion der Kugeldurchmesser D aufgetragen.

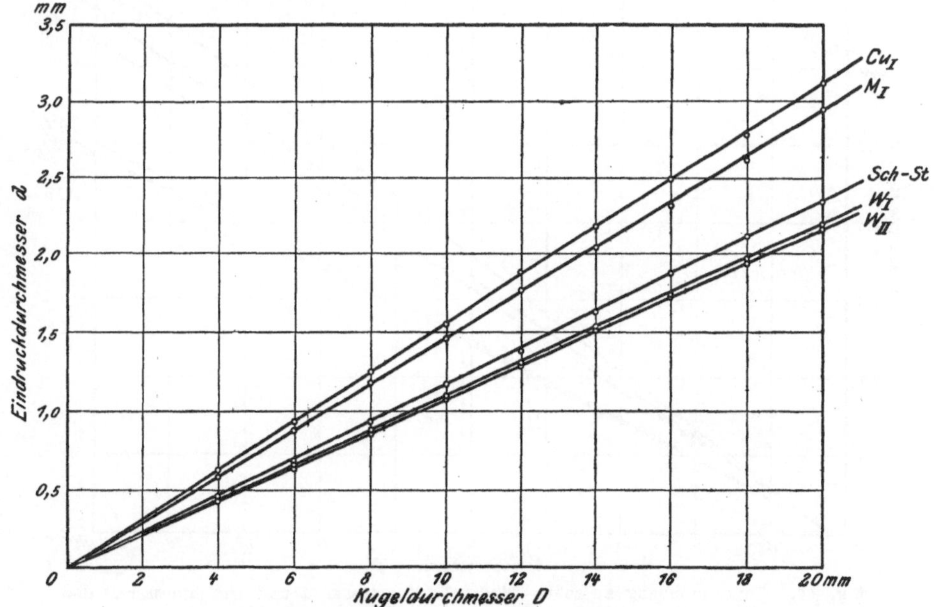

Fig. 13. Zusammenhang zwischen Eindruckdurchmesser d und Durchmesser D der verwendeten Kugel bei gleicher Fallhöhe.

Zahlentafel XVII.

Kugeldurchmesser D	Werkzeugstahl W II			Werkzeugstahl W I			Schienenstahl Sch-St			Flußeisen Fl II			Flußeisen Fl I		
	Sprunghöhe H_2	Eindruckdurchmesser d	$c = \dfrac{d}{D}$	Sprunghöhe H_2	Eindruckdurchmesser d	$c = \dfrac{d}{D}$	Sprunghöhe H_2	Eindruckdurchmesser d	$c = \dfrac{d}{D}$	Sprunghöhe H_2	Eindruckdurchmesser d	$c = \dfrac{d}{D}$	Sprunghöhe H_2	Eindruckdurchmesser d	$c = \dfrac{d}{D}$
mm	mm	mm		mm	mm		mm	mm		mm	mm		mm	mm	
4	512	0,425	0,1063	508	0,429	0,1073	377	0,457	0,1143	337	0,464	0,116	300	0,483	0,121
6	506	0,642	0,107	504	0,657	0,1095	362	0,686	0,1143	319	0,707	0,118	290	0,732	0,122
8	503	0,854	0,1068	482	0,872	0,109	357	0,926	0,1158	309	0,956	0,1195	282	0,977	0,122
10	502	1,072	0,1072	473	1,090	0,109	355	1,164	0,1164	300	1,200	0,120	275	1,235	0,1235
12	498	1,286	0,1072	461	1,305	0,1088	348	1,378	0,1148	294	1,462	0,122	269	1,492	0,1243
14	487	1,516	0,1083	446	1,530	0,1093	336	1,632	0,1166	290	1,697	0,1212	265	1,736	0,124
16	484	1,728	0,108	430	1,733	0,1083	321	1,868	0,118	275	1,942	0,1214	257	2,001	0,125
18	474	1,935	0,1075	410	1,962	0,109	305	2,111	0,1173	268	2,196	0,122	250	2,250	0,125
20	455	2,160	0,108	390	2,182	0,1091	285	2,337	0,1168	260	2,428	0,1214	240	2,505	0,1253

Nur für einen Teil der untersuchten Stoffe lassen sich die gefundenen Werte durch Gerade verbinden, die durch den Anfangspunkt gehen, Fig. 13; für den andern Teil, Fig. 14, mußten die Punkte durch Geraden verbunden werden, die auf der Abszissenachse verschieden große, positive Stücke ab-

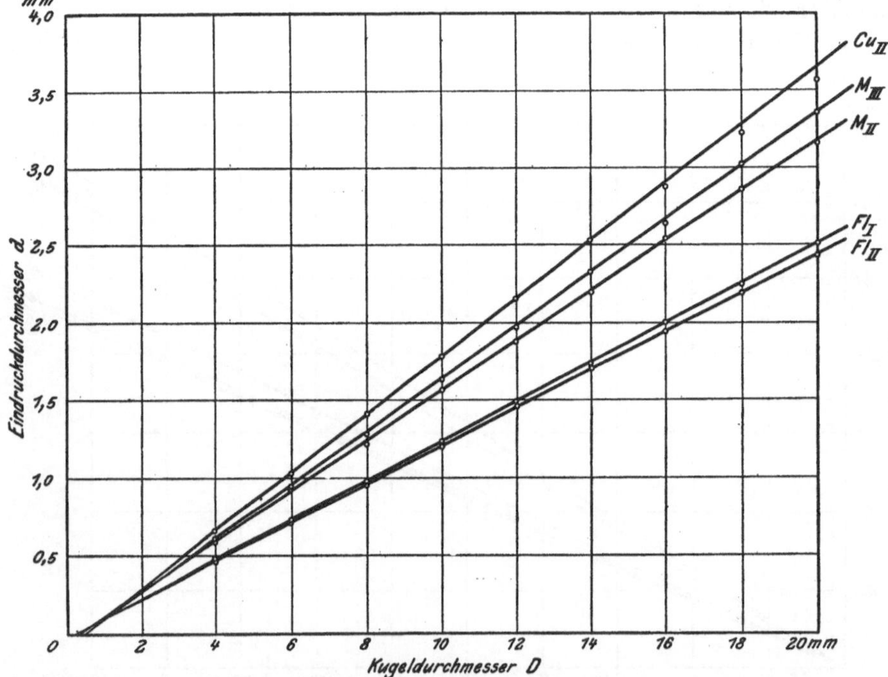

Fig. 14. Zusammenhang zwischen Eindruckdurchmesser d und Durchmesser D der verwendeten Kugel bei gleicher Fallhöhe.

Fallhöhe = 1000 mm.

Messing M I			Deltametall D-M			Messing M II			Kupfer Cu I			Messing M III			Kupfer Cu II		
Sprunghöhe H_2	Eindruckdurchmesser d	$c = \dfrac{d}{D}$	Sprunghöhe H_2	Eindruckdurchmesser d	$c = \dfrac{d}{D}$	Sprunghöhe H_2	Eindruckdurchmesser d	$c = \dfrac{d}{D}$	Sprunghöhe H_2	Eindruckdurchmesser d	$c = \dfrac{d}{D}$	Sprunghöhe H_2	Eindruckdurchmesser d	$c = \dfrac{d}{D}$	Sprunghöhe H_2	Eindruckdurchmesser d	$c = \dfrac{d}{D}$
mm	mm		mm	mm		mm	mm		mm	mm		mm	mm		mm	mm	
208	0,584	0,146	216	0,576	0,144	148	0,596	0,149	155	0,628	0,157	117	0,606	0,1515	98	0,654	0,1635
206	0,883	0,1472	214	0,882	0,147	144	0,927	0,1545	150	0,929	0,1548	110	0,942	0,157	79	1,033	0,1722
204	1,181	0,1476	210	1,173	0,1466	138	1,218	0,1523	145	1,251	0,1554	104	1,283	0,1604	52	1,405	0,1756
206	1,462	0,1462	205	1,468	0,1468	136	1,563	0,1563	145	1,549	0,1549	100	1,629	0,1629	45	1,782	0,1782
203	1,759	0,1466	200	1,769	0,1474	133	1,872	0,156	135	1,879	0,1566	99	1,965	0,1638	43	2,149	0,1791
201	2,039	0,1456	198	2,076	0,1488	131	2,194	0,1567	136	2,176	0,1554	96	2,325	0,166	46	2,520	0,180
180	2,311	0,1444	196	2,366	0,1479	130	2,542	0,1588	132	2,491	0,1557	94	2,640	0,165	44	2,870	0,1794
172	2,007	0,1448	192	2,658	0,1472	130	2,854	0,1583	134	2,771	0,154	92	3,016	0,1672	44	3,220	0,179
160	2,944	0,1472	188	2,954	0,1477	130	3,161	0,158	130	3,105	0,1553	90	3,353	0,1677	44	3,567	0,1784

schneiden (für das Kupfer Cu II fallen die drei Werte für $D = 16$, 18, 20 mm unterhalb der gezogenen Geraden).

Es liegen demnach Bedenken vor, ob das Kicksche Gesetz mit Sicherheit hier anzuwenden ist.

Sie werden verstärkt durch die Beobachtung der Zurücksprünge.

Wäre die Proportionalität für unsern Fall eine durchgreifende, wie sie die Anwendung des Kickschen Gesetzes voraussetzt, so müßten auch die elastischen Formänderungsarbeiten den aufgewandten Arbeiten proportional sein oder mit

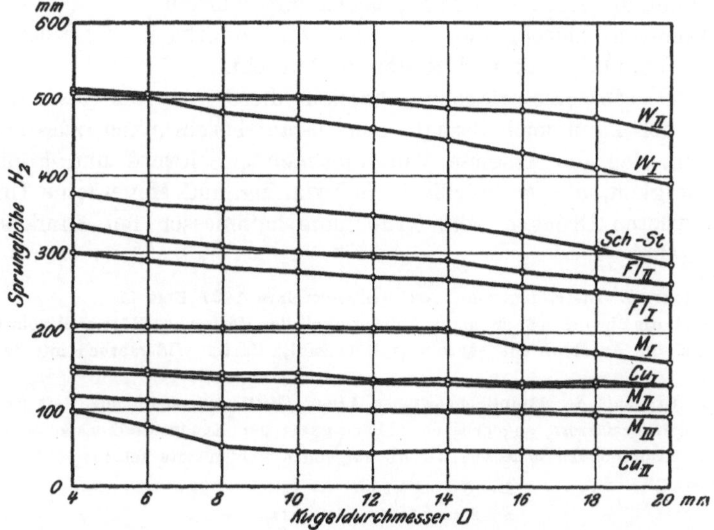

Fig. 15. Zusammenhang zwischen Kugeldurchmesser D und Sprunghöhe H_2 bei gleicher Fallhöhe ($H_1 = 1000$ mm).

andern Worten: die Zurücksprünge müßten bei derselben Fallhöhe für Kugeln verschiedenen Durchmessers gleich sein.

Zahlentafel XVII und die Kurven, Fig. 15, lassen aber erkennen, daß die Zurücksprünge mit wachsendem Kugeldurchmesser abnehmen.

Man ist zunächst geneigt, diese Abweichungen vom Kickschen Gesetz, die durch die Messung der Eindruckdurchmesser und Beobachtung der Zurücksprünge ersichtlich werden, auf die Arbeitsverluste durch Reibung an der Luft, noch mehr auf die Erschütterungen der aufeinanderstoßenden Massen zurückzuführen.

Es ist aber zu bedenken, daß diese Abweichungen vom Kickschen Gesetz, wenn man sie durch Arbeitsverluste erklären will, einander widersprechen. Denn ein Arbeitsverlust durch Reibung oder Erschütterungen, der die Formänderung im Probestück kleiner werden läßt, muß auch die Sprunghöhe verkleinern, also im gleichen Sinne auf die Größe des Eindruckdurchmessers und die Höhe des Zurücksprunges einwirken.

Aus den Versuchsergebnissen geht aber das Gegenteil hervor.

Man betrachte z. B. die Versuchsreihe mit Messing (M II).

Nach Zahlentafel I wiegt das verwandte Probestück 11,5 kg. Die 20 mm-Kugel wiegt rd. 32,5 g. Im ungünstigsten Falle war also für die Versuchsreihe das Massenverhältnis etwa $1 : 350$.

Das planparallel bearbeitete Probestück wurde noch zur weiteren Vermeidung von Erschütterungen für die Versuche auf den schweren Amboß eines Fallwerkes gelegt.

In Zahlentafel XVI sind die gefundenen Versuchswerte und in Fig. 14 und Fig. 15 die Darstellung der in Frage kommenden Beziehungen enthalten. Danach ist eine Abnahme der Zurücksprünge zu beobachten, während die Eindruckdurchmesser schneller wachsen, als die aus dem Kickschen Gesetz abgeleitete Beziehung $d = c\,D$ es fordert.

Durch Reibungs- und Erschütterungsverluste allein — von denen die letzteren bei dieser Versuchsanordnung übrigens sehr klein sein müssen — lassen sich die Abweichungen, wie gesagt, nicht erklären.

Auch wird man sich erinnern, daß Abweichungen vom Kickschen Gesetz bei statischen Härteuntersuchungen, wobei von Reibungs- und Erschütterungsverlusten nicht die Rede sein kann, beobachtet wurden.

Es kommen hierbei die Arbeiten von Auerbach, Schwerd, Stribeck, Schwinning, Föppl-Schenk und Meyer in Betracht.

Ludwik[1]) gibt eine kritische Uebersicht dieser Arbeiten (bis auf die Arbeit von Meyer); ich kann mich deshalb hier darauf beschränken, zusammenfassend zu bemerken, daß die Arbeiten von Auerbach[2]), Schwerd und Föpll-Schenk[3]) eine Abhängigkeit, die von Stribeck, Schwinning und Meyer eine Unabhängigkeit des mittleren Druckes vom Krümmungshalbmesser bei ähnlichen Kugelkalotten ergeben.

---

[1]) Zeitschr. d. österr. Ing.- und Architektenvereines 1907 Heft 11.

[2]) Vergl. die oben (S. 13) erwähnte Abhängigkeit der Hertzschen Härtezahl vom Krümmungshalbmesser und die Auerbachsche »absolute« Härtezahl, die im Widerspruch mit dem Kickschen Gesetz steht.

[3]) Das Ergebnis der Föppl-Schenkschen Arbeit (Mittl. München 1902 Heft 28) ergibt sich aus der von den Verfassern angegebenen Abhängigkeit der Exponentialkonstanten n im Gesetze $P = a\,d^n$ vom Krümmungshalbmesser, wie die folgenden Zahlenwerte zeigen:

D	5	10	15	20
n	2,4	2,4	2,34	2,3

n muß aber, worauf Meyer (a. a. O. S. 13) aufmerksam macht, unabhängig vom Krümmungshalbmesser sein, wenn das Kicksche Gesetz Bestätigung finden soll.

Auf zwei Ursachen könnte die beobachtete Abhängigkeit der »Härte« vom Krümmungshalbmesser zurückzuführen sein:

1) auf eine Abhängigkeit der Festigkeitseigenschaften der Kugeln von ihrem Durchmesser, und zwar in dem Sinne, daß die »Härte« mit zunehmendem Durchmesser abnimmt.

Erklärlich wäre dies durch die Vermutung Auerbachs[1]), daß die Oberflächenspannung der Kugeln mit zunehmendem Durchmesser abnimmt, oder durch die Angabe Schwinnings[2]), »daß die großen Kugeln bedeutend schwieriger zu härten sind und infolgedessen nach den Fabrikationserfahrungen besonders im Innern leicht etwas weicher ausfallen.«

2) auf ein besonderes Verhalten der Oberflächenschicht des Probestückes[3])

Was die erste Ursache anbelangt, so erklärt sie in befriedigender Weise die Abweichungen vom Kickschen Gesetz, die sich aus den vorliegenden Versuchsergebnissen mit der Kugelfallprobe ergeben, insofern sie es verständlich macht, daß Formänderung (Eindruckdurchmesser) und Sprunghöhe im entgegengesetzten Sinne vom Kickschen Gesetz abweichen.

Es ist aber weiter zu bedenken, daß diese Abweichungen sich bei den verschiedenen Probestücken in ganz verschiedener Weise geltend machen, so daß die Ursache der Abweichungen wenigstens zum Teil auf das Probestück selbst zurückgeführt werden muß.

Man vergleiche z. B. die Versuchsergebnisse mit den beiden Kupferprobestücken Cu I und Cu II (Zahlentafel XVII und Fig. 13, 14 und 15).

Die angegebenen Zahlenwerte sind Durchschnittswerte aus zwei verschiedenen Versuchsreihen.

Die beiden Probestücke sind von denselben Abmessungen, wiegen gleich viel und waren in derselben Weise bearbeitet worden, so daß die Art der Auflage die gleiche war. Für die Versuche wurden dieselben Kugeln verwandt.

Trotzdem sind die Abweichungen vom Kickschen Gesetz, sowohl inbetreff der Zurücksprünge als auch der Eindruckdurchmesser, für beide Kupfersorten gänzlich verschieden.

Nur unter der Annahme eines besondern Verhaltens der Oberflächenschicht, das sich für die beiden Kupfer verschieden geltend macht, erscheinen die Versuchsergebnisse verständlich.

Ich komme deshalb zu dem Schlusse, daß die beobachteten Abweichungen wenigstens zum Teil auf ein besonderes Verhalten der oberflächlichen Schichten der Probestücke zurückzuführen sind.

Vergleich zwischen statischer und dynamischer Härte.

Der Vergleich zwischen statischer und dynamischer Härte ist nur in angenäherter Weise durchführbar.

Man kann dabei so vorgehen, daß man aus der statisch gewonnenen Beziehung zwischen Belastung und Eindruckdurchmesser $P = a\,d^n$ die entsprechende Beziehung zwischen statischem Arbeitsaufwand und Eindruckdurchmesser berechnet und die so rechnerisch ermittelte Funktion mit der durch Versuch gefundenen Beziehung zwischen dynamischem Arbeitsaufwand und Eindruckdurchmesser vergleicht.

---

[1]) Siehe die zweite der oben (S. 13) angeführten Auerbachschen Arbeiten.

[2]) Zeitschrift des Vereines deutscher Ingenieure 1901 S. 332 ff.

[3]) W. Voigt: Annalen der Physik 1901 S. 567 ff. — M. T. Huber: »Zur Theorie der Berührung fester elastischer Körper.« Zusätze zur Hertzschen Theorie. Ann. der Physik 1904 S. 153. — A. Föppl: Techn. Mechanik Bd. III S. 403 und 407.

Nun ist aber, wie ich oben zeigte, die Ableitung der Arbeitsgleichung aus $P = a\, d^n$ nur unter gewissen Annahmen möglich. Die oben (S. 17) abgeleitete Beziehung $A = a'\, d^{n'}$ hat daher nur angenäherte Gültigkeit.

Anderseits ist durch die Kugelfallprobe keine Beziehung von entsprechender physikalischer Bedeutung gegeben.

Das geht aus dem oben über die für die Kugelfallprobe gültigen Gesetze:

$$A_1 = a_1\, d^{n_1},$$
$$A_1 - A_2 = a_2\, d^{n_2}$$

Gesagten hervor.

Danach war die spezifische Verdrängungsarbeit, die sich aus dem Gesetze $A_1 = a_1\, d^{n_1}$ ergab, wegen der in der Kugel aufgespeicherten elastischen Formänderungsarbeit größer; anderseits die aus dem Gesetz $A_1 - A_2 = a_2\, d^{n_2}$ berechnete spezifische Verdrängungsarbeit wegen der elastischen Formänderungsarbeit im Probestück kleiner, als den tatsächlichen Verhältnissen entspricht.

Nur unter Berücksichtigung dieser Umstände ist ein Vergleich der statischen Beziehung:

$$A = a'\, d^{n'} \quad (\text{aus } P = a\, d^n)$$

mit den dynamischen Beziehungen:

$$A_1 = a_1\, d^{n_1},$$
$$A_1 - A_2 = a_2\, d^{n_2}$$

zulässig.

Die Konstanten a und n in dem Gesetze $P = a\, d^n$ wurden nach dem Vorschlag von Meyer aus einer Versuchsreihe von fünf verschiedenen Belastungen ($P = 100 \ldots 500$ kg) für die meisten der untersuchten Stoffe bestimmt; die Kugel wurde aber nicht mit den höheren Belastungen in den einmal gebildeten Eindruck gedrückt — wie es Meyer vorschlägt —, sondern für jede Belastungsstufe eine neue Stelle gewählt; denn es entspricht dies den Verhältnissen, unter denen die dynamische Kugelprobe ausgeführt werden mußte.

Aus den gefundenen Konstanten a und n ergeben sich die Konstanten a' und n' in der Beziehung $A = a'\, d^{n'}$ aus:

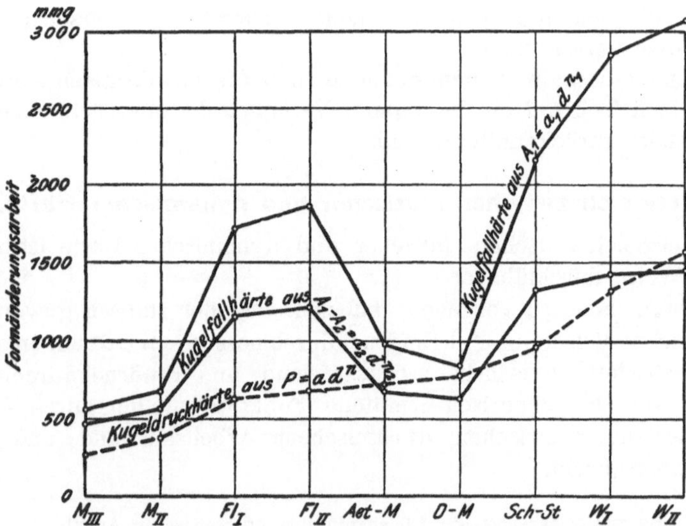

Fig. 16. Vergleich der statischen und dynamischen Härte für verschiedene Stoffe, auf 1 mm Eindruckdurchmesser bezogen.

$$a' = \frac{a}{4\,r\,(n+2)}\,,$$
$$n' = n + 2.$$

Die Konstanten a' liegen zwischen 267 mmg für Messing (M III) und 1568 mmg für Werkzeugstahl (W II). Die Konstanten n' liegen zwischen 4,12 für Delta-Metall und 4,56 für Werkzeugstahl (W II).

In Zahlentafel XVI sind die Ergebnisse aus der Kugelfallprobe und der Kugeldruckprobe zusammengestellt.

In Fig. 16 ist ein Vergleich der statischen und dynamischen Formänderungsarbeiten auf 1 mm Eindruckdurchmesser, bezogen für acht verschiedene Stoffe, dargestellt.

Aus den vorliegenden Versuchsergebnissen komme ich zu dem Schlusse, daß ein Einfluß der Geschwindigkeit der Eindringungsbewegung für die Kugelprobe zu beobachten ist, und daß dieser Einfluß für die verschiedenen Stoffe verschieden ist.

Ein zahlenmäßiger Vergleich der statischen und dynamischen Härte ist aber aus dem hier zur Verfügung stehenden Versuchsmaterial nicht möglich.

Die Beurteilung der dynamischen Härte von Metallen aus dem Zurücksprung.

Wie schon einleitend zur vorliegenden Arbeit gesagt wurde, ist der Zurücksprung H_2 einer Kugel, welche aus einer Höhe H_1 auf einen Körper fällt, als Härtemaßstab gerechtfertigt, wenn aus ihm Schlüsse auf die Größe der gleichzeitig auftretenden Formänderung im Probestück gezogen werden können, oder — da der Arbeitsaufwand durch die Fallhöhe gegeben ist — wenn der Zurücksprung ein Maß ist für die Beziehung zwischen Arbeitsaufwand und Formänderung, für die spezifische Verdrängungsarbeit.

Diese Bedingung kann erfüllt sein, ohne daß ein Vergleich, wie ihn Mesnager (s. oben S. 4) durchführte (Brinell-Härtezahlen $H = \dfrac{P}{D\,\pi\,h}$, worin $P = 3000$ kg und $D = 10$ mm ist, mit den Sprunghöhen, wobei Fallhöhe $H_1 = 250$ mm und $D = 8{,}5$ mm) zu irgend welchen Beziehungen zu führen braucht.

Denn nach allem, was man über die Abhängigkeit des Eindringungswiderstandes[1] von der Größe der Belastung (bezw. Arbeitsaufwandes), dem Durchmesser der verwandten Kugel und der Geschwindigkeit der Eindringungsbewegung weiß, ist ein solcher Vergleich zwischen zwei willkürlich gewählten Einzelfällen der Kugeldruckprobe und der Kugelfallprobe zwecklos.

Eine Prüfung der Shoreschen Annahme, daß der Zurücksprung ein Härtemaßstab sei, ist deshalb nur mit Hülfe der Ergebnisse der Kugelfallprobe selbst angängig.

Zunächst sei auf die naheliegende praktische Frage eingegangen: Sind die untersuchten Stoffe hinsichtlich ihrer Härte in derselben Reihenfolge eingeordnet, wenn man sie bei demselben Arbeitsaufwand (gleiche Fallhöhen H_1 und gleiche Kugeldurchmesser D) einesteils nach der spezifischen Verdrängungsarbeit

$$\mathfrak{A}_1 = \frac{A_1}{V} = \frac{A_1}{\dfrac{\pi}{64\,r}\,d^4}\,,$$

---

[1] Mesnager wählt noch nicht einmal den reinen Eindringungswiderstand zum Vergleich, sondern die physikalisch unklare Brinellsche Härtezahl (s. Meyer a. a. O. S. 19 ff.).

anderteils — unter der Annahme, daß die Härte bei gleicher Fallhöhe proportional der Sprunghöhe ist — nach der Höhe des Zurücksprunges beurteilt?

Die Antwort ergibt sich aus einem Vergleich der Fig. 6 mit Fig. 17.

In Fig. 6 war der Eindruckdurchmesser d, den ich als Maß für die Formänderung ansehen will, in Funktion der aufgewandten Arbeit A_1 aufgezeichnet worden.

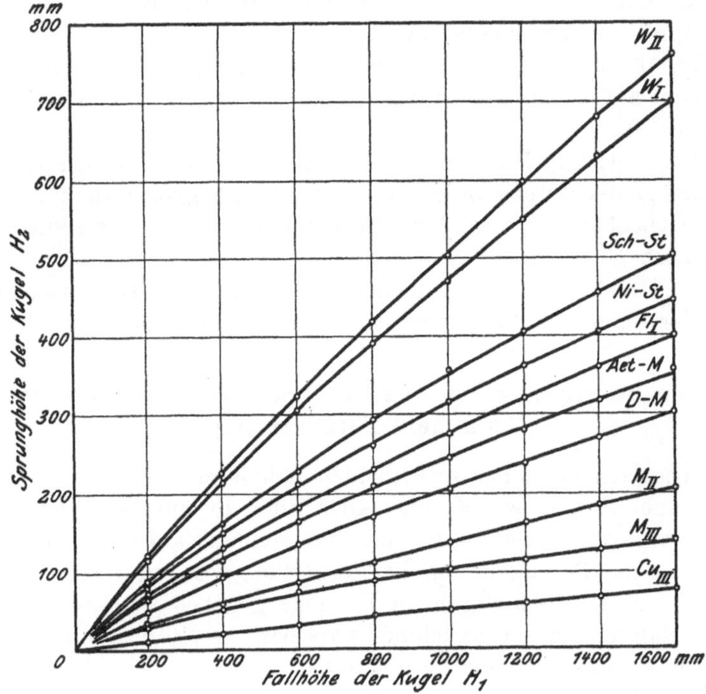

Fig. 17. Zusammenhang zwischen Sprunghöhe und Fallhöhe.

In Fig. 17 ist der Zurücksprung H_2 in Funktion der Fallhöhe H_1 aufgetragen.

Jede der beiden Darstellungen besteht aus einer Schar von Kurven, die sich innerhalb der vorliegenden Versuchsgrenzen nicht schneiden und sich in den beiden Figuren in umgekehrter Reihenfolge anordnen.

Hieraus ist der Schluß zu ziehen, daß die oben gestellte Frage zu bejahen ist.

Die Shoresche Annahme scheint also eine praktische Bedeutung zu haben, denn man wäre — gleichgültig bei welchem Arbeitsaufwand (Fallhöhe) die untersuchten Probestücke untereinander verglichen worden wären — auch ohne mikroskopische Ausmessung der Formänderung im Probestück zur selben Härteordnung durch Beobachtung der Sprunghöhe gelangt.

Es ist nun weiter zu untersuchen, ob auch eine zahlenmäßige Beziehung zwischen der Sprunghöhe und der spezifischen Verdrängungsarbeit

$$\mathfrak{A}_1 = \frac{A_1}{V}$$

besteht.

Zu diesem Zwecke ist in einem rechtwinkligen Koordinatensystem für die untersuchten Stoffe und die verschiedenen Fallhöhen die Sprunghöhe H_2 in Funktion des Eindruckdurchmessers d aufgetragen, siehe Fig. 18.

Die gefundenen Punkte sind durch zwei sich schneidende Kurvenscharen verbunden, von denen die eine die Beziehung $H_2 = f(d)$ bei demselben Stoff und verschiedenen Fallhöhen, während die andre die Beziehung $H_2 = f(d)$ bei gleicher Fallhöhe und verschiedenen Stoffen graphisch darstellt.

Die erste Kurvenschar besteht aus regelmäßigen Kurven, deren mathematischer Ausdruck aus den oben gefundenen Gesetzen:

$$A_1 = a_1 d^{n_1},$$
$$A_1 - A_2 = a_2 d^{n_2}$$

hervorgeht.

Durch Subtraktion der beiden Gesetze ergibt sich:

$$A_2 = a_1 d^{n_1} - a_2 d^{n_2} \quad \ldots \ldots \ldots \ldots \quad (49).$$

Für die regelmäßigen Kurven der Fig. 18 gilt also:

$$H_2 = \frac{a_1}{g} d^{n_1} - \frac{a_2}{g} d^{n_2} \quad \ldots \ldots \ldots \ldots \quad (50),$$

worin g des Gewicht der Kugel.

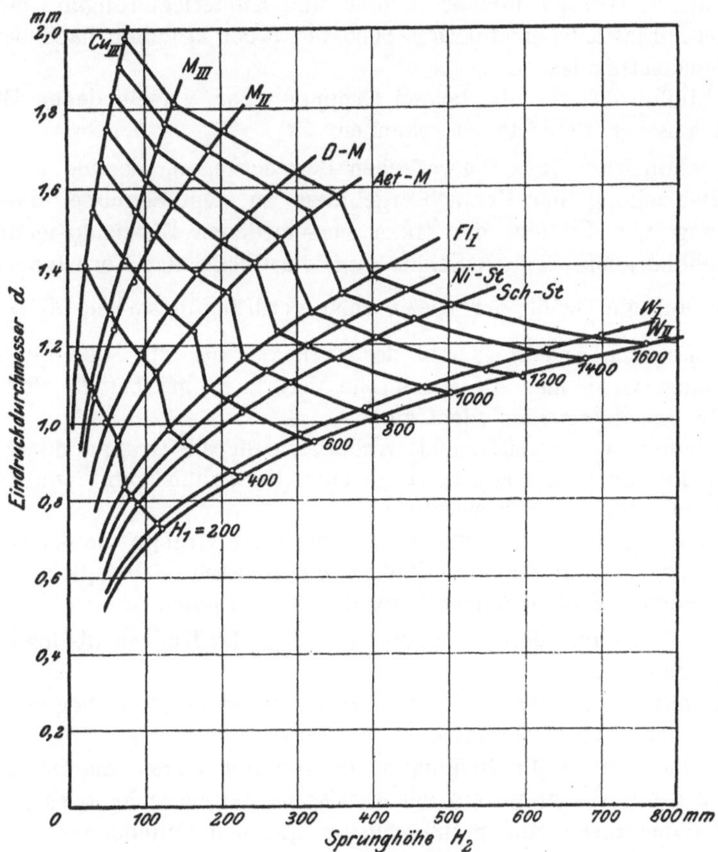

Fig. 18. Zusammenhang zwischen Eindruckdurchmesser und Sprunghöhe.

Die andre Kurvenschar der Fig. 18 besteht aus unregelmäßigen Kurven, und zwar scheinen sich die untersuchten Stoffe, nach dem Verlauf der Kurven zu urteilen, in zwei Gruppen zu trennen, von denen die eine Werkzeugstahl (W I und W II), Schienenstahl, Nickelstahl und Flußeisen (Fl I und Fl II), die andre Aeterna-Metall, Delta-Metall, Messing (M I, M II, M III) und Kupfer umfaßt.

Die Erklärung hierfür ist jedenfalls in den für beide Gruppen verschiedenen elastischen Eigenschaften zu suchen, deren Einfluß auf den Zurücksprung schon aus theoretischen Erwägungen zu erwarten war.

Leider sind die Elastizitätskonstanten (Modul E und Poissonsche Konstante m) für die untersuchten Stoffe nicht durch besondere Festigkeitsuntersuchungen festgestellt worden.

Ich muß mich deshalb in dieser Hinsicht mit Annahmen begnügen.

Von der Poissonschen Konstanten will ich annehmen, daß sie für die untersuchten Metalle angenähert gleich war.

Der Elastizitätsmodul E aber ist für die untersuchten Metalle gänzlich verschieden, und zwar trennen diese sich — in Uebereinstimmung mit dem Verlauf der unregelmäßigen Kurven der Fig. 18 — auch nach der Größe der Elastizitätsmoduln deutlich in zwei Gruppen.

Die eine Gruppe der Metalle besteht aus Eisen- und Stahlsorten, für die man angenähert gleichen Elastizitätsmodul ($E = $ rd. 21 500 kg/qmm) annehmen kann.

Die andre Gruppe umfaßt Kupfer und Kupferlegierungen, für die ein weit kleinerer Elastizitätsmodul ($E = 9000$ bis $11\,000$ kg/qmm, nach der »Hütte« Aufl. 17) einzusetzen ist.

Der Einfluß des für die beiden Gruppen sehr verschiedenen Elastizitätsmoduls ist aus Fig. 18 leicht zu erkennen.

Wie schon früher aus theoretischen Betrachtungen, komme ich also auch aus der Beurteilung der Versuchsergebnisse zu dem Schlusse, daß bei der Untersuchung von Stoffen, die einen verschiedenen Elastizitätsmodul haben, die Sprunghöhe allein keinen Schluß auf die Größe der Formänderung, also auch nicht auf die Größe der spezifischen Verdrängungsarbeit $\mathfrak{A}_1 = \dfrac{A_1}{V}$ zuläßt.

Die Shoresche Annahme, daß der Zurücksprung ein Maß für die Härte ist, trifft daher, wenn man die spezifische Verdrängungsarbeit $\mathfrak{A}_1$ als Härtemaßstab ansieht, im allgemeinen nicht zu.

Es soll nun weiter untersucht werden, ob für die Gruppe der Eisen- und Stahlsorten, für die man angenähert gleichen Elastizitätsmodul annehmen darf, die Shoresche Annahme Berechtigung hat.

Aus der Fig. 18 ist zu ersehen, daß für diese Gruppe die Kurven, welche die Sprunghöhe in Funktion des Eindruckdurchmessers d bei gleicher Fallhöhe und verschiedenen Stoffen darstellt, regelmäßig verlaufen.

In Fig. 19 ist für diesen regelmäßigen Teil der Kurven die logarithmische Darstellung gewählt.

Die Punkte für gleiche Fallhöhen und verschiedene Stoffe liegen mit großer Annäherung auf je einer Geraden.

Wenn man mit m die Neigungen der Geraden gegen die Ordinatenachse und mit log u die Abschnitte auf der Abszissenachse bezeichnet, so gilt also für die untersuchten Eisen- und Stahlsorten bei gleichen Fallhöhen:

$$H_2 = \frac{u}{d^m} \quad \cdot \quad \cdot \quad \cdot \quad \cdot \quad \cdot \quad \cdot \quad \cdot \quad \cdot \quad (51).$$

Der Wert der Exponentialkonstanten ist:

$$m \gtrsim 4.$$

Je niedriger die Fallhöhen, desto mehr nähert sich m dem Werte 4; je höher die Fallhöhen, desto größer wird m; für $H_1 = 1600$ mm ist $m = 4{,}65$.

Für $m = 4$ wird:

$$H_2 = \frac{u}{d^4} \quad \ldots \ldots \ldots \ldots \ldots \quad (52),$$

oder, da für kleine Kugelkalotten $V = \dfrac{\pi}{64\,r}\,d^4$,

$$H_2 = \frac{\pi\,u}{64\,r}\,\frac{1}{V} \quad \ldots \ldots \ldots \ldots \quad (53).$$

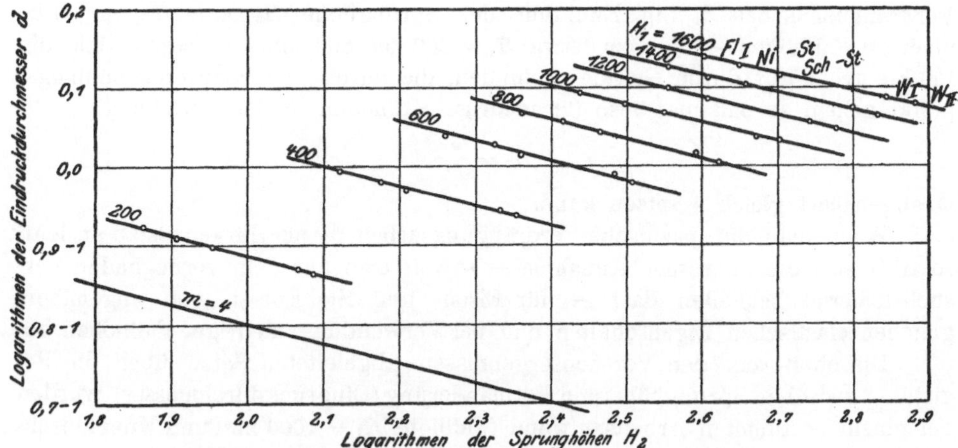

Fig. 19 $\log d = f(\log H_2)$ für Eisen- und Stahlsortengruppe.

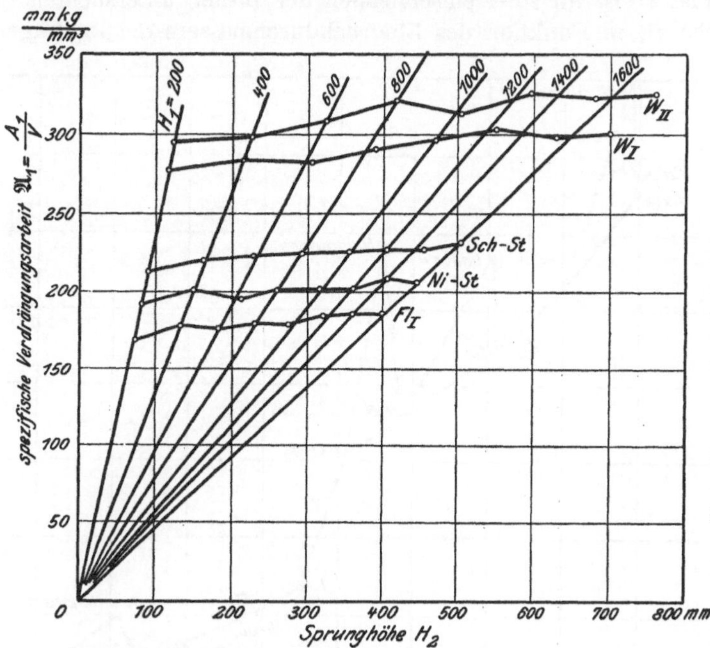

Fig. 20.   Zusammenhang zwischen Sprunghöhe und spezifischer Verdrängungsarbeit.

Die Sprunghöhe ist also für $m = 4$ umgekehrt proportional dem verdrängten Volumen.

Die Gleichung

$$H_2 = \frac{\pi\,u}{64\,r}\,\frac{1}{V}$$

läßt sich auch schreiben:

$$H_2 = \frac{\pi u}{64\, r\, A_1} \frac{A_1}{V} = \frac{\pi u}{64\, r\, A_1} \mathfrak{A}_1 = C\, \mathfrak{A}_1 \quad . \quad . \quad . \quad . \quad . \quad . \quad (54),$$

worin

$$C = \frac{\pi u}{64\, r\, A_1}.$$

Für $m = 4$ ist also die Sprunghöhe H_2 proportional der spezifischen Verdrängungsarbeit $\mathfrak{A}_1$.

In Fig. 20 ist für die Gruppe der Eisen- und Stahlsorten die spezifische Verdrängungsarbeit $\mathfrak{A}_1$ in Funktion der Sprunghöhe H_2 aufgetragen. Für niedrige Fallhöhen — bis zu etwa $H_1 = 600$ bis 800 mm — lassen sich die Punkte recht gut durch Gerade verbinden, die durch den Koordinatenanfangspunkt gehen, so daß man also für niedrige Fallhöhen in der Beziehung

$$H_2 = \frac{u}{d^m}$$

m angenähert gleich 4 setzen kann.

Wenn man die spezifische Verdrängungsarbeit $\mathfrak{A}_1$ als Härtemaßstab ansieht, so trifft also die Shoresche Annahme — soweit man aus dem vorliegenden Versuchsmaterial schließen darf — für Eisen- und Stahlsorten von angenähert gleichen elastischen Eigenschaften und bei Verwendung niedriger Fallhöhen zu.

Die oben aus den Versuchsergebnissen abgeleiteten Sätze über die Beziehung zwischen Sprunghöhe und Formänderung (Eindruckdurchmesser) wurden bei einem bestimmten Arbeitsaufwand (Fallhöhe $H_1 = 1000$ mm und Kugeldurchmesser $D = 10$ mm) an einer weiteren Anzahl von Stoffen geprüft.

In Fig. 21 ist für 20 — einschließlich der bisher untersuchten — Stoffe die Sprunghöhe H_2 in Funktion des Eindruckdurchmessers d aufgetragen.

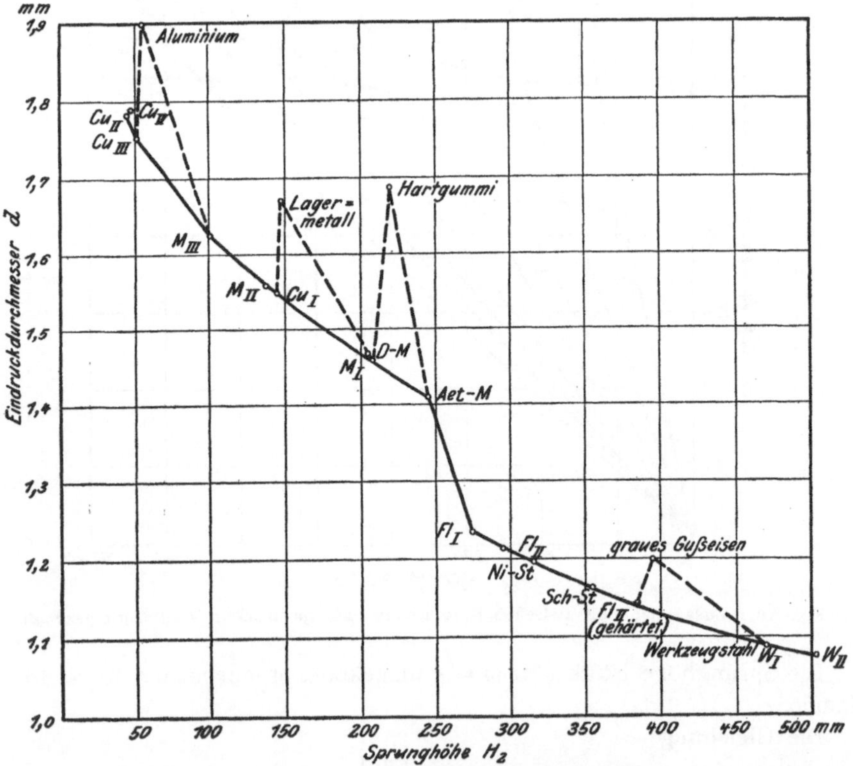

Fig. 21. Zusammenhang zwischen Sprunghöhe und Eindruckdurchmesser bei 1000 mm Fallhöhe und 10 mm Kugeldurchmesser.

Es bestätigt sich der oben erkannte Einfluß des Elastizitätsmoduls. Die Punkte für Aluminium, Lagermetall, Hartgummi und graues Gußeisen fallen, entsprechend der verschiedenen Größe ihrer Elastizitätsmoduln, außerhalb des Hauptlinienzuges, welcher die Kupfer und Kupferlegierungen und die Eisen- und Stahlsorten verbindet[1]).

Anderseits bestätigt sich auch die festgestellte, gesetzmäßige Abhängigkeit der Sprunghöhe von der spezifischen Verdrängungsarbeit für die Eisen- und Stahlsorten von demselben Elastizitätsmodul.

Da durch Härten einer der untersuchten Eisen- oder Stahlsorten der Elastizitätsmodul nicht — oder wenigstens nur unwesentlich — geändert wird, so muß auch für das gehärtete Metall die gefundene Beziehung zwischen Sprunghöhe und Formänderung zutreffen.

Von dieser Ueberlegung ausgehend, untersuchte ich das Flußeisen Fl II (Analyse in Zahlentafel I), nachdem es bei 900° C abgeschreckt worden war.

Für Fallhöhe $H_1 = 1000$ mm und Kugeldurchmesser $D = 10$ mm ergeben sich folgende Beobachtungen:

Zahlentafel XVIII.

	Flußeisen Fl II ungehärtet (s. Zahlentafel V)	Flußeisen Fl II gehärtet
Sprunghöhe H_2 in mm	295	385
Eindruckdurchmesser d in mm	1,214	1,145

Aus Fig. 21 ist zu ersehen, daß die festgestellte Abhängigkeit des Zurücksprunges vom Eindruckdurchmesser mit großer Genauigkeit auch für das gehärtete Metall gilt.

---

[1]) Es wird vielleicht durch weitere Versuche an Stoffen, deren elastische Eigenschaften durch vorausgegangene Festigkeitsuntersuchungen bekannt sind, möglich sein, eine allgemeine, das elastische Verhalten (Elastizitätsmodul) des Probestückes berücksichtigende Beziehung zwischen Sprunghöhe und Formänderung festzustellen.

Wärmeleitfähigkeit von Isolier- und Baustoffen.

Von Dr.-Ing. Heinrich Gröber.

(Mitteilung aus dem Laboratorium für technische Physik der Technischen
Hochschule München.)

Im Laboratorium für technische Physik der Technischen Hochschule in
München wurden in den Jahren 1905 und 1906 von Dr.-Ing. W. Nusselt Versuche über die Wärmeleitfähigkeit von Isolierstoffen durchgeführt[1]). Diese Versuche wurden in den folgenden Jahren fortgesetzt, indem noch einige Isolierstoffe, besonders aber Baustoffe, auf ihre Wärmeleitfähigkeit bei gewöhnlicher
und höherer Temperatur geprüft wurden und indem die Wärmeleitfähigkeit
einiger Isolierstoffe bei sehr tiefen Temperaturen bestimmt wurde. Der Verein
deutscher Ingenieure stellte die zu den Versuchen nötigen Geldmittel zur Verfügung, wofür ihm an dieser Stelle der verbindlichste Dank des Laboratoriums
ausgesprochen sei.

I. Teil.

Wärmeleitfähigkeit von Isolier- und Baustoffen bei gewöhnlicher und höherer Temperatur.

A) Versuchsverfahren.

Die Untersuchungen wurden meist nach dem Nusseltschen Verfahren ausgeführt, das hier nochmals kurz gekennzeichnet sei.

Eine Blechkugel von etwa 60 bis 70 cm Dmr. wird mit dem zu untersuchenden Stoff gefüllt, und im Mittelpunkt dieser so gebildeten Isolierstoffkugel
wird eine hohle Kupferkugel von etwa 15 cm Dmr. eingebaut, die einen elektrischen Heizkörper enthält. Führt man diesem Heizkörper eine gleichbleibende
Energiemenge zu, so wird die Temperatur von innen heraus langsam zu steigen
beginnen, bis sich nach einigen Tagen im Isolierstoff eine unveränderliche
Temperaturverteilung einstellt, bei der durch die äußere Kugel gerade ebenso-
viel Wärme nach außen abgegeben, wie in der inneren Kugel durch den elektrischen Strom erzeugt wird. Durch eingebaute Thermoelemente wird die Temperatur an verschiedenen Stellen im Isolierstoff gemessen. Aus der Temperaturverteilung, aus der zugeführten elektrischen Energie und aus den Abmessungen

---

[1]) Mitteilungen über Forschungsarbeiten Nr. 63 und 64; im Auszug in Zeitschrift des Vereines deutscher Ingenieure 1908 S. 906.

der beiden Kugeln läßt sich die Wärmeleitzahl des eingebrachten Stoffes berechnen.

Diese Versuchseinrichtung wurde für Stoffe von pulveriger, körniger und faseriger Beschaffenheit verwendet. Für Steine oder Platten hat Nusselt das Verfahren geändert, indem er die äußere Kugel durch einen Würfel ersetzte, durch dessen hohle Wandung Wasser strömte. Dadurch wurde erreicht, daß die Oberfläche des Würfels überall gleiche Temperatur hatte; dies ist zur Auswertung der Versuche nötig, würde aber bei einem an Luft grenzenden Würfel nicht eintreten.

Die Versuche wurden in gleicher Weise wie beim Kugelverfahren durchgeführt.

In vielen Fällen ist es wünschenswert, die Stoffe in Plattenform zu untersuchen, sei es, daß der zu untersuchende Körper nur in Form von Platten in den Handel kommt oder hergestellt werden kann, sei es, daß man ihn der leichteren Trocknung wegen in dünnen Platten anfertigen will. Der naheliegende Gedanke, die Platten im Hohlwürfel aufeinander zu schichten und zu untersuchen, ist deshalb nicht ausführbar, weil es nicht möglich ist, jede Platte so satt auf der unteren aufliegen zu lassen, daß kein Temperatursprung eintritt. Die Folge dieses Temperatursprunges wäre eine verschiedene Temperaturverteilung längs der Platten und quer zu den Platten und damit ein falscher Wert der Wärmeleitzahl.

Fig. 1 bis 3. Versuchseinrichtung.

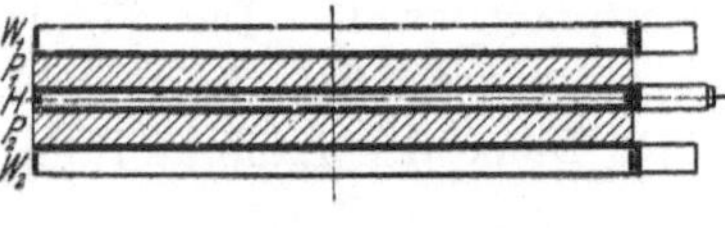

Fig. 1. Axialschnitt.

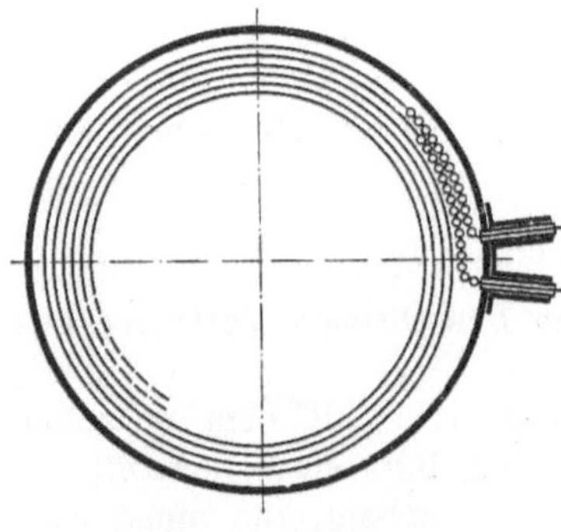

Fig. 2. Heizkörper.

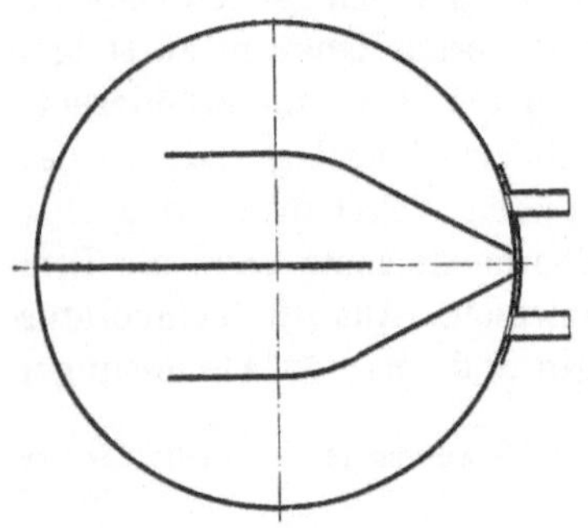

Fig. 3. Wasserplatte.

Es wurde deshalb ein neues Verfahren ausgearbeitet, mit dem sich die Wärmeleitfähigkeit in den meisten Fällen in einfachster Weise bestimmen läßt. Die zu untersuchende kreisförmige Platte wird nämlich zwischen einen scheibenförmigen elektrischen Heizkörper und eine von Wasser durchströmte Hohlscheibe eingebaut. Auf diese Weise kann ein gleichbleibender Temperaturunterschied zwischen den beiden Seiten der Platte hergestellt werden. Um die ganze elektrisch zugeführte Heizenergie in Rechnung setzen zu können, wird die andere Seite des Heizkörpers wieder mit einer Platte aus dem zu untersuchenden Stoff und diese ebenfalls mit einer wasserdurchströmten Scheibe bedeckt. Die Anordnung ist somit in bezug auf den Heizträger vollkommen symmetrisch.

Der Heizkörper H, Fig. 1 und 2, hatte 400 mm Dmr., war 13 mm dick und bestand aus Messingblech von 3 mm Stärke. Als Heizdraht wurde Nickelinplätt im Gesamtwiderstand von 8,5 Ohm verwendet (mit 0,9 Ohm auf 1 m), auf das zum Zwecke der Isolierung Glasperlen aufgereiht waren. Die zu untersuchenden Platten (P_1 und P_2, Fig. 1) hatten ebenfalls 400 mm Dmr. und waren bis 40 mm dick.

Die Kühlscheiben (W_1 und W_2, Fig. 1 und 3) hatten den gleichen Durchmesser und waren, wie Fig. 3 erkennen läßt, durch drei Scheidewände unterteilt, so daß das Kühlwasser gezwungen war, die Platten gleichmäßig zu bespülen.

Die vom Heizkörper erzeugte Wärme tritt aus diesem aus, strömt durch die Platten, welche untersucht werden sollen, und geht in das Kühlwasser über. Nur ein kleiner Teil entweicht durch die niedere Mantelfläche des Heizkörpers. Um diesen Teil so klein wie möglich zu halten, wird die ganze Anordnung von Platten lotrecht in ein vorzügliches Isoliermittel (Expansitschrot, s. Zahlentafel 2) gesenkt.

Die Wärmemenge Q, die in der Stunde durch die Platten strömt, ist durch die Formel gegeben:

$$Q = k\,\frac{2\,r^2\pi}{\delta}\,(t_1 - t_2).$$

Hierbei ist k die Wärmeleitzahl des untersuchten Stoffes, r der Halbmesser der Platten in m, δ die Dicke der Platten in m und t_1, t_2 die Temperaturen zu beiden Seiten der Platten.

Aus dieser Formel läßt sich k berechnen:

$$k = \frac{Q\,\delta}{2\,r^2\pi\,(t_1 - t_2)}\,.$$

Die Heizenergie wird durch Messung von Stromstärke und Spannung des elektrischen Stromes bestimmt, die Größen r und δ durch Messung und die Temperaturen t_1 und t_2 durch Thermoelemente, die in vertiefte Rillen in die Messingplatten eingelassen waren und aus Kupfer- und Konstantandrähten von je 0,6 mm Dmr. bestanden.

Die Wärmeleitzahl sagt aus, daß durch eine Platte von 1 m Dicke und 1 qm Fläche in der Stunde k WE hindurchgehen, wenn zwischen den beiden parallelen Seiten der Platte 1°C Temperaturunterschied herrscht.

B) Beschreibung der untersuchten Stoffe.

Baustoffe, s. Zahlentafel 1.

Versuche in der Kugel.

1) **Erdreich.** Es wurde bei Kanalisationsarbeiten in München ausgehoben und bestand aus lettigem Erdreich, gemischt mit Isarschotter bis zu Faustgröße.

2) **Feinkörniger Flußsand** von normaler Feuchtigkeit. Dieser Feuchtigkeitsgehalt wurde gemessen, indem eine abgewogene Menge Flußsand mehrere Stunden auf ungefähr 150° erwärmt und dann nochmals gewogen wurde. Er betrug 6,9 vH. Bei den Versuchen bildete sich in der Nähe der inneren Kugel (über 80°) eine vollkommen trockne Schicht, deren Wärmeleitzahl gesondert bestimmt wurde.

3) **Gewaschener, grober Kies** bestand aus Isarschotter gewöhnlicher Größe. Die einzelnen Steine hatten 3 bis 8 cm Dmr.

Versuche im Würfel.

4) **Gewöhnliches Ziegelmauerwerk.** Beim Abbruch eines alten Hauses wurden aus einer starken Mauer vier rechteckige Stücke von der Größe 30 × 30 × 60 cm herausgesägt und zur Untersuchung verwendet. Hierdurch erhielt man ein vollkommen trocknes und abgebundenes Mauerwerk. In der Literatur findet man allgemein den Wert 0,69. Die Herkunft dieser Zahl konnte

nicht festgestellt werden; sie findet sich zum erstenmal im Handbuch der Architektur III. Teil 4. Bd. S. 48 (erschienen 1881).

5) **Mauerwerk aus Hohlziegeln.** Aus Hohlziegeln wurden 4 Blöcke (30 × 30 × 60 cm) hergestellt und vor der Untersuchung etwa ein halbes Jahr getrocknet.

6) **Rheinische Schwemmsteine,** auch Isolierbimssteine genannt, sind nach Angabe der Firma aus Isolierbimssand, Isolierbimskies und Zement hergestellt.

Versuche mit Körpern in Plattenform.

7) **Verputz.** Die Platten (4 cm dick) wurden aus gewöhnlichem Verputzmörtel geformt und einige Monate getrocknet.

8) **Beton.** Aus einem Beton mit 1 Teil Portlandzement von Blaubeuren, 2 Teilen gewaschenem und geworfenem Grubensand und 2 Teilen ge-

Zahlentafel 1. Baustoffe.

Name des Stoffes	Feuchtigkeit	Gewicht kg/cbm	Versuchs-temperatur ^{0}C	k	Versuchsart
Erdreich	normal	2040	70 20	0,50 0,45	Kugel
Flußsand	»	1640	50 20	0,99 0,97	»
Flußsand	ganz trocken	1520	160 20	0,33 0,28	»
Kies	trocken	1850	40 20	0,35 0,32	»
Ziegelmauerwerk	—	1850	47 20	0,38 0,35	Würfel
Hohlziegelmauerwerk	—	—	59 20	0,31 0,28	»
rheinische Schwemmsteine . .	—	630	30 20	0,14 0,13	»
Verputz	—	1690	20 18	0,68 0,68	Platten
Beton	—	2180	23 20	0,66 0,65	»
Korkmentlinoleum	—	—	20	0,069	»

Zahlentafel 2. Isolierstoffe.

Name des Stoffes	Korngröße mm	Gewicht kg/cbm	Versuchs-temperatur ^{0}C	k	Versuchsart
Korkschrot	3 bis 5	85	60 20	0,050 0,042	Kugel
Expansitschrot	3 » 5	45,4	65 20	0,037 0,033	»
Expansitschrot	1 » 2	47,6	100 20	0,036 0,029	»
Expansitsteine	—	60,9	100 20	0,042 0,035	Würfel
Patentgurit	—	540 bis 680	200 100	0,088 0,072	»
rheinischer Bimskies . . .	1 bis 20	301	30 20	0,081 0,079	Kugel

waschenem und geworfenem Grubenkies wurden Platten von 4 cm Dicke hergestellt und ein halbes Jahr getrocknet.

9) Korkmentlinoleum. Es ist dies eine besonders weiche und elastische Sorte Linoleum, welche hauptsächlich als wärmeisolierende Unterlage für gewöhnliehes Linoleum verwendet wird.

Isolierstoffe, s. Zahlentafel 2.

Versuche iu der Kugel.

10) Korkschrot. Von Nusselt wurde Korkschrot in der Korngröße von 1 bis 3 mm untersucht. Um den Vergleich zwischen Korkschrot und Stoff 11 (Expansitschrot) zu ermöglichen, wurde Korkschrot von der Größe 3 bis 5 mm untersucht.

11) Expansitschrot in der Korngröße Nr. 3 (3 bis 5 mm Dmr.). Expansit ist ein durch Wärme stark aufgeblähter Kork.

12) Expansitschrot in der Korngröße Nr. 1 (1 bis 2 mm Dmr.).

Versuche im Würfel.

13) Expansitsteine sind Körper beliebiger Form, die nach einem besonderen Verfahren aus Expansitschrot ohne fremdes Bindemittel zusammengekittet werden.

14) Patentgurit, besonders für Dampfleitungen bestimmt, wird in pulverigem Zustand geliefert. Es wird mit Wasser zu einem Brei angerührt und in dünnen Schichten auf die geheizten Rohre aufgetragen. Zum Zwecke der Untersuchung im Würfel wurden von der Firma rechteckige Steine hergestellt.

15) Rheinischer Bimskies. Dieser Stoff wurde bereits von Nusselt untersucht, welcher für k den Wert 0,20 fand. Er schreibt darüber: »Das Material bestand aus haselnußgroßen Stücken und gestattete deshalb reichliche Luftströmung beim Versuch, wo es lose in die Kugel eingefüllt war.« Durch diese Luftströmung wird die Wärmeleitfähigkeit in hohem Maße beeinflußt. Es wurde deshalb eine andere Sorte Bimskies von geringerer Korngröße untersucht (1 bis 20 mm Dmr.). Durch die feinen Körner wurden die Zwischenräume zwischen den größeren Stücken ausgefüllt und dadurch die Luftströmung sehr beschränkt. Die Wärmeleitzahl sank infolgedessen fast auf den dritten Teil des Wertes von grobkörnigem Bimskies.

II. Teil.

Wärmeleitfähigkeit von Isolierstoffen bei tiefen Temperaturen.

In der Nusseltschen Arbeit wurde u. a. festgestellt, daß die Wärmeleitfähigkeit von Isolierstoffen mit abnehmender Temperatur abnimmt, und zwar wurden diese Verhältnisse durch den Versuch bis herab zur gewöhnlichen Raumtemperatur festgelegt. Da es von praktischer Bedeutung für die Kältetechnik und von theoretischem Wert für die Physik ist, die Veränderlichkeit der Wärmeleitfähigkeit dieser Stoffe bis zu möglichst tiefen Temperaturen zu kennen, so wurde eine Ausdehnung der Nusseltschen Versuche beschlossen.

A) Versuchsverfahren und Ausführung der Versuche.

Das Versuchsverfahren von Nusselt wurde in den Grundzügen beibehalten, s. Fig. 4. Zwischen zwei gleichachsigen Metallkugeln, die auf verschiedener Temperatur gehalten wurden, wurde der Isolierstoff eingebettet und durch Thermoelemente das Temperaturgefälle bestimmt. Die innere Kugel wurde elektrisch geheizt und die äußere Kugel durch ein Kältebad (Eis, feste Kohlen-

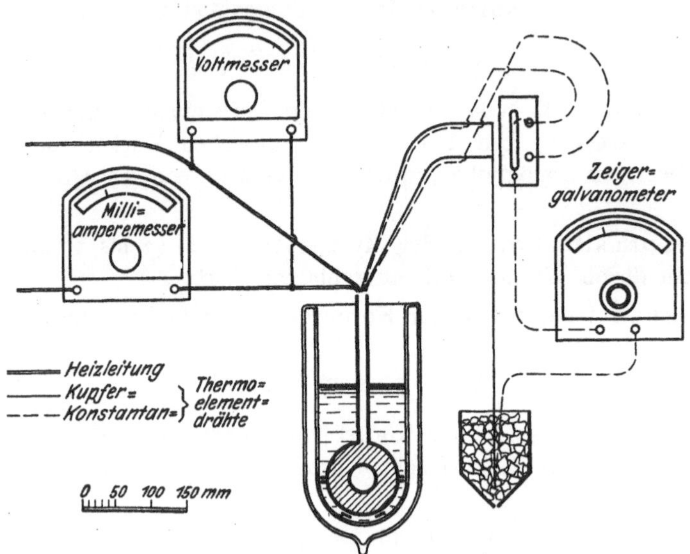

Fig. 4. Schaltplan.

säure mit Alkohol gemischt, flüssige Luft) auf tiefer Temperatur gehalten. Das größte Dewarsche Gefäß, das zu erhalten war, hatte 12,5 cm inneren Durchmesser. Hieraus ergab sich der größtmögliche äußere Durchmesser der großen Kugel zu 10 cm. Die kleinere Kugel erhielt mit Rücksicht auf die Herstellbarkeit des Heizkörpers 4 cm Dmr., so daß sich eine Schichtdicke von 3 cm für den Isolierstoff ergab. Da ein vollkommen festes Lagern der Thermoelemente innerhalb des Stoffes nicht möglich war und jede kleine Verschiebung von größtem Einfluß auf die Messung gewesen wäre, so mußte auf die Temperaturmessungen innerhalb des Isolierstoffes verzichtet werden, und es konnte nur die Temperatur an den Kugeln bestimmt werden[1]. Um eine möglichst gleichmäßige Temperaturverteilung zu erzielen, wurden die beiden Kugeln aus Kupferblech von 2 mm Stärke hergestellt. Die kleinere Kugel war aus zwei Teilen zusammengelötet und enthielt den Heizkörper: einen 8 m langen, 0,15 mm starken umsponnenen Manganindraht von etwa 580 Ohm Widerstand. Die große Kugel bestand ebenfalls aus zwei Hälften, die mit ihren Flanschen verschraubt waren. Die eine Halbkugel enthielt eine Einfüllöffnung, an die andere Hälfte war ein 20 cm langes Rohr angelötet, das als Stiel sowie zur Zuführung der Heiz- und Thermoelementdrähte diente. Zur Heizung wurde der Strom der Akkumulatorenbatterie des Laboratoriums entnommen, dessen normale Spannung von 110 V durch Vorschaltwiderstände auf den gewünschten Betrag herabgemindert wurde.

Die Thermoelemente bestanden aus etwa 1,2 m langen und 0,1 mm dicken umsponnenen Kupfer- und Konstantandrähten. Je eine Lötstelle war an der

---

[1] Ein Temperatursprung an der Berührungsfläche ist nach Nusselt nicht vorhanden; s. Mitteilungen über Forschungsarbeiten 63/64 S. 62.

äußeren und inneren Kugel angelötet, eine dritte Lötstelle war als Eisstelle geschaltet. Sie war in ein kleines, mit Oel gefülltes Glasröhrchen eingeschlossen, um die unmittelbare Berührung mit dem Eis zu vermeiden.

Die Thermoelemente wurden geeicht, indem sich die eine Lötstelle in Eis, die andere in einem Temperaturbad von bekannter veränderlicher Temperatur befand. Es wurde der zur jeweiligen Temperatur gehörige Galvanometerausschlag gemessen und in einer Eichkurve aufgetragen. In einem für Thermometereichung bestimmten Oelthermostat wurde das Bereich von o bis $+ 180^0$ untersucht. Als tiefstes Temperaturbad diente flüssige Luft, deren Temperatur mit einem von der Physikalisch-Technischen Reichsanstalt geeichten Pentanthermometer bestimmt wurde. Je eine weitere unveränderliche und genau bekannte Temperatur lieferten erstarrendes Chloroform ($- 119{,}5^0$) und Aethyläther ($- 74^0$)[1]. Von der Eichkurve waren somit der Verlauf zwischen o und $+ 180^0$ sowie drei Punkte unter o^0 bekannt; sie ließ sich also mit genügender Genauigkeit zeichnen.

Die Gleichung, mittels deren man auf Grund der sich ergebenden Versuchsablesungen die Wärmeleitzahl k berechnen kann, lautet[2], falls k unveränderlich ist:

$$k = \frac{Q}{4\pi} \frac{r_1 - r_2}{t_2 - t_1} \frac{1}{r_1 r_2} \left[\frac{\mathrm{WE}}{\mathrm{st\,m}\ ^0\mathrm{C}} \right].$$

Hierbei ist Q die zugeführte elektrische Heizung in WE/st, r_1 und r_2 die Abstände der Lötstellen der Thermoelemente vom Mittelpunkt der Kugel in m, und t_1 und t_2 die Temperaturen der Lötstellen. Wenn k sich geradlinig mit der Temperatur ändert, so ist der sich ergebende Wert gleich der wahren Wärmeleitfähigkeit für eine Temperatur gleich dem arithmetischen Mittel aus t_1 und t_2.

Die Versuche wurden in der Weise ausgeführt, daß die Kugel mit dem zu untersuchenden Stoff gefüllt und in das zum jeweiligen Versuch nötige Kältebad gesenkt wurde. Schon ungefähr 2 Stunden nach dem Einschalten der Heizung stellte sich Beharrungszustand ein. Aus Spannung und Stromstärke ließ sich die zugeführte Wärmemenge berechnen, t_1 und t_2 ergaben sich aus den Ausschlägen des Zeigergalvanometers mit Hülfe der Eichkurve, und r_1 und r_2 durch unmittelbare Messung der Kugeln. Die Wärmeleitfähigkeit k ist damit gegeben.

Falls k sich mit der Temperatur nicht linear verändert, ist der Wert k, den die Gleichung ergibt, nicht mehr dem arithmetischen Mittel aus Außen- und Innentemperatur zuzuordnen, sondern einer anderen, vorerst noch unbekannten Temperatur zwischen t_1 und t_2. Es handelt sich also um die Bestimmung derjenigen Temperatur, für welche die wahre Leitfähigkeit gleich ist der mittleren Leitfähigkeit zwischen t_1 und t_2, wie sie der Versuch ergibt.

Auf zeichnerischem Wege läßt sich diese Aufgabe wie folgt lösen.

Die Differentialgleichung der Wärmeleitung in einer Kugel lautet:

$$Q = - k\, 4\pi r^2 \frac{dt}{dr} \quad \text{oder} \quad \frac{Q\,dr}{4\pi r^2} = - k\,dt.$$

Die Integration zwischen r_1 und r_2 bezw. t_1 und t_2 liefert

$$\frac{Q}{4\pi} \frac{r_1 - r_2}{r_1 r_2} = \int_{t_1}^{t_2} k\,dt = k_m (t_2 - t_1) \quad \ldots \ldots \ldots \quad (1).$$

---

[1] Landolt-Börnstein, Physikalisch-chemische Tabellen 1905 S. 817.
[2] Nusselt a. a. O. S. 11.

Hierbei ist mit k_m die mittlere Wärmeleitzahl zwischen den Temperaturen t_1 und t_2 bezeichnet.

Trägt man in einem Koordinatennetz, Fig. 5, t als Abszissen und k_m und

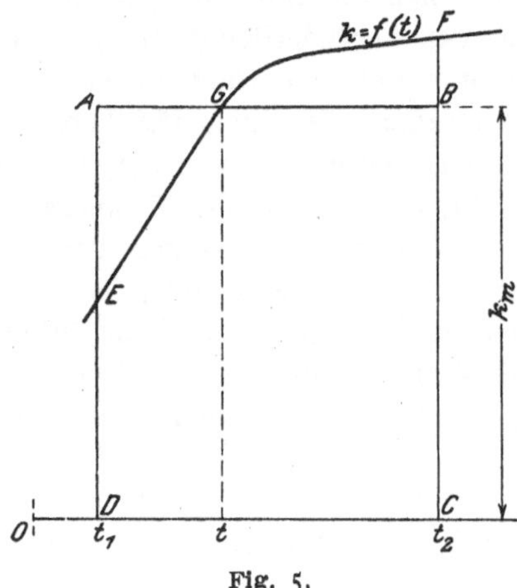

Fig. 5.

k als Ordinaten auf, so erhält man z. B. für einen Beharrungszustand des Versuches aus k_m und t_1 bezw. t_2 das Rechteck $ABCD$. In diesem Rechteck ist die Breite $t_1\,t_2$ und die Höhe k_m. Der Verlauf der wahren Wärmeleitfähigkeit k in diesem Temperaturbereich sei durch die Kurve EF dargestellt. Die Fläche unter EF ist dann $\int_{t_1}^{t_2} k\,dt$. Es müssen also nach Gl. (1) die Flächen $ABCD$ und $EFCD$ gleich sein. Der Schnittpunkt G von AB und EF liefert dann diejenige Temperatur t, für welche die wahre Wärmeleitfähigkeit k gleich ist der mittleren Wärmeleitfähigkeit zwischen t_1 und t_2 ist. Verläuft EF geradlinig, so ist t das arithmetische Mittel aus t_1 und t_2. Zeichnet man für alle beobachteten Beharrungszustände die Rechtecke aus t_1 und t_2 und aus k_m, so ist die Kurve $k = f(t)$ so zu zeichnen, daß für je einen Beharrungszustand die Fläche $ABCD = EFCD$ ist.

Infolge der kleinen Abweichungen der Versuche voneinander war es nicht möglich, die vorerwähnte Bedingung beim Zeichnen zu erfüllen, sondern es mußte die Kurve ausgleichend zwischen den einzelnen Versuchswerten hindurchgeführt werden (s. Fig. 6).

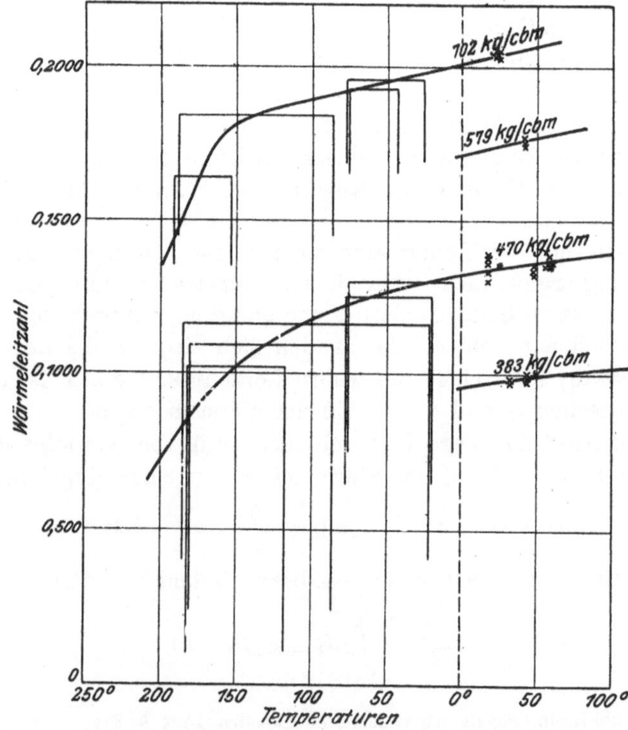

Fig. 6. Wärmeleitfähigkeit von Asbest, abhängig von der Temperatur.

B) Auswertung und Zusammensetzung der Ergebnisse.

1) Versuche mit Asbest, s. Zahlentafel 3.

Da nach den Versuchen von Nusselt für Asbest eine große Veränderlichkeit der Wärmeleitfähigkeit mit der Temperatur besteht, so wurde in erster Linie dieser Stoff untersucht. Leider war es nicht mehr möglich, die gleiche Asbestsorte, die Nusselt verwandt hatte, zu erhalten, und es ist bei der großen Verschiedenheit dieses Stoffes keine zahlenmäßige Uebereinstimmung mit den Werten dieser Arbeit zu erwarten. Die Gesetzmäßigkeit zwischen k und t, also der Charakter der Kurve $k = f(t)$, wird bei beiden Stoffproben der gleiche sein müssen. Fig. 6 zeigt Auswertung und Ergebnisse der Versuche. Der erste Versuch wurde mit Asbest von der Dichte 470 kg/cbm durchgeführt. Unterhalb o⁰ zeigt die Kurve eine sehr starke Krümmung, so daß sie nach dem oben angegebenen Verfahren gezeichnet wurde. Oberhalb o⁰ konnte die Versuchstemperatur als arithmetisches Mittel aus t_1 und t_2 angenommen werden. In derselben Weise wurde auch die Kurve des zweiten Versuches mit einer Dichte von 702 kg/cbm in die Figur eingetragen.

Bei den tiefen Temperaturen von etwa — 180⁰ geben die Kurven kleine Werte von k an. Mit zunehmender Temperatur wächst jedoch k sehr rasch bis etwa — 150 oder — 100⁰, von hier ab verläuft die Kurve flacher. Die Kurve des Asbestes 702 kg/cbm zeigt diesen Verlauf in hervorragendem Maße, während die Kurve für geringere Dichte flacher verläuft. Diese ersten beiden Versuche hatten gezeigt, daß sich die Dichte des Asbestes in weiten Grenzen verändern läßt, je nach der Pressung, mit welcher es in die Kugel eingefüllt wurde. Damit schwankt in überraschend hohem Maße die Wärmeleitfähigkeit.

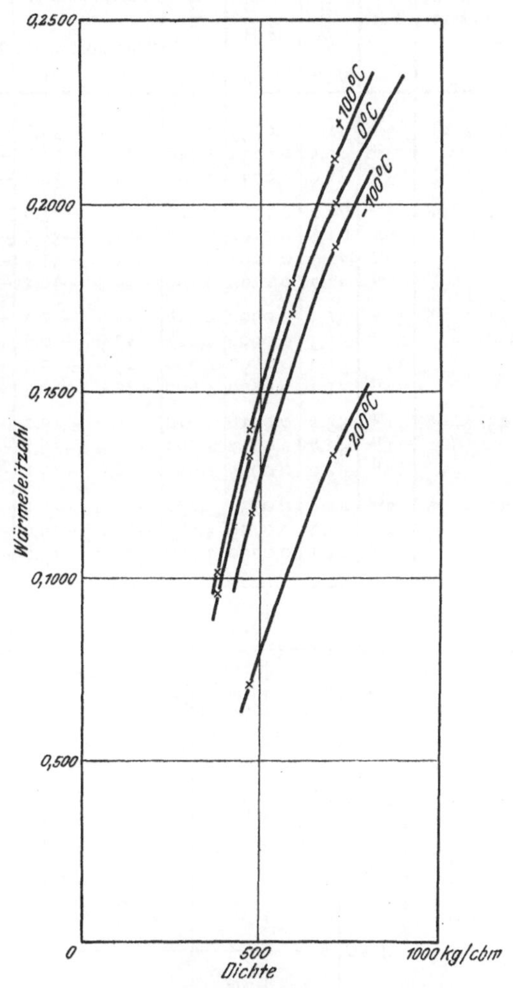

Fig. 7. Wärmeleitfähigkeit von Asbest, abhängig von der Dichte

Deshalb erwies es sich als wünschenswert, dissen Zusammenhang zwischen Dichte und Wärmeleitzahl durch weitere Versuche festzulegen. Es wurden die Dichten 579 und 383 kg/cbm gewählt.

Die Dichte 383 entspricht einer möglichst lockeren Einfüllung, so daß die kleinere Kugel eben noch an ihrem Platz festgelagert war. 702 kg/cbm ist die Dichte, die sich durch möglichst festes Einpressen mit der Hand erreichen ließ. Fig. 7 läßt das Ergebnis dieser Untersuchung bei den Temperaturen — 200⁰, — 100⁰, o⁰ und + 100⁰ erkennen.

— 58 —

2) Versuche mit Baumwolle.

Dieser Stoff wurde mit dem gleichen Stoff, der schon im Nusseltschen Apparat verwendet war, untersucht. Die Uebereinstimmung ist gut. Die Ergebnisse des Versuches sind in Fig. 8 dargestellt. Die Kurve verläuft geradlinig.

Zahlentafel 3. Versuchsbeispiel.

Asbest. (Dichte 702 kg/cbm.)

| Datum | Zeit | Spannung | Strom-stärke | Leistung | Teilstriche am Galvanometer | | ^{0}C | | Versuchs-temperatur | Wärmeleit-zahl k | Mittelwerte |
| | | | | | Thermoelement | | Thermoelement | | | | |
		Volt	Amp	Watt	I	II	I	II	^{0}C		
21. 2. 08	3^{30}	41,7	0,0735	3,064	−33,3	−38,8	−152,0	−191,0	−172	0,161	} $t_1 = -153^0$
	4^{00}	41,5	0,0733	3,040	−33,5	−38,8	−153,0	−191,0	−172	0,164	$t_2 = -190{,}8^0$
	4^{30}	41,0	0,0730	2,992	−33,6	−38,7	−154,0	−190,5	−172	0,168	$k = 0{,}164$
21. 2. 08	5^{45}	73,0	0,1264	9,225	−21,5	−38,6	− 87,5	−189,5	−138	0,185	} $t_1 = -85{,}6^0$
	6^{00}	72,8	0,1262	9,180	−21,1	−38,5	− 85,5	−189,5	−138	0,180	$t_2 = -188{,}0^0$
	6^{15}	72,7	0,1261	9,170	−21,0	−38,3	− 85,0	−187,0	−136	0,184	$k = 0{,}184$
	6^{30}	72,7	0,1262	9,180	−20,9	−38,1	− 84,5	−185,5	−135	0,186	
22. 2. 08	11^{00}	51,3	0,0900	4,618	+14,0	− 0,4	+ 48,0	+ 1,3	+ 25	0,203	
	11^{30}	51,3	0,0900	4,618	+13,9	− 0,3	+ 47,5	+ 1,2	+ 25	0,205	
	12^{00}	51,2	0,0899	4,600	+13,9	+ 0,3	+ 47,5	+ 1,2	+ 24	0,204	
	12^{15}	51,2	0,0899	4,600	+13,9	+ 0,3	+ 47,5	+ 1,2	+ 24	0,204	
25. 2. 08	11^{30}	53,0	0,0926	4,910	− 6,6	−19,2	− 25,5	− 77,0	− 51	0,197	} $t_1 = -25{,}3^0$
	11^{45}	52,8	0,0927	4,895	− 6,5	−19,1	− 25,0	− 76,5	− 51	0,195	$t_2 = -76{,}7^0$
	12^{15}	53,0	0,0925	4,900	− 6,6	−19,1	− 25,5	− 76,5	− 51	0,197	$k = 0{,}196$
25. 2. 08	2^{00}	41,8	0,0734	3,070	−11,2	−19,1	− 43,5	− 76,5	− 60	0,191	} $t_1 = -42{,}8^0$
	2^{45}	42,2	0,0750	3,165	−11,0	−19,0	− 42,5	− 76,0	− 59	0,194	$t_2 = -76{,}2^0$
	3^{00}	42,1	0,0750	3,160	−11,0	−19,0	− 42,5	− 76,0	− 59	0,193	$k = 0{,}193$

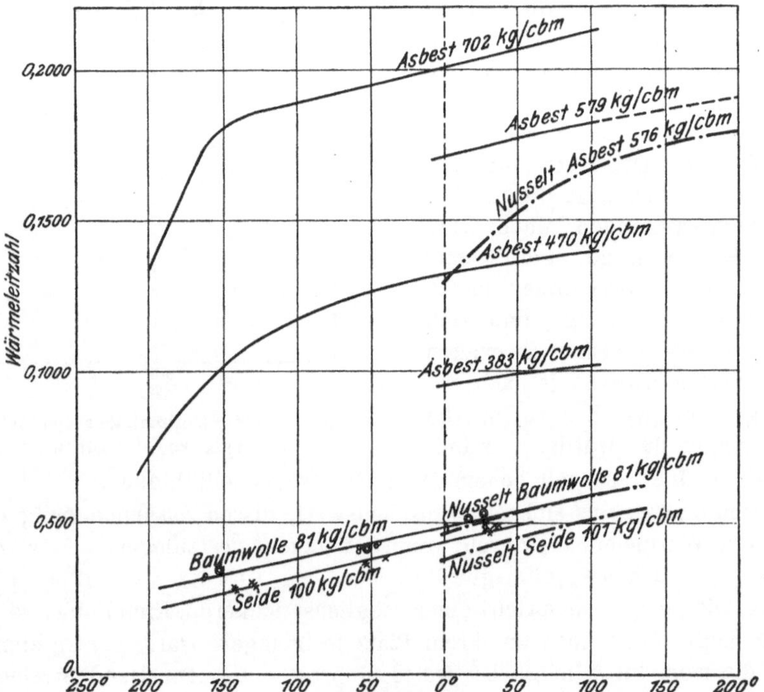

Fig. 8.

3) Versuche mit Seide.

Auch hier wurde die Seide, die schon Nusselt verwendete, untersucht. Die Uebereinstimmung ist auch in diesem Fall befriedigend.

Zusammenfassung.

In beiden Teilen wird das Ergebnis der Nusseltschen Arbeit, daß die Leitfähigkeit der Wärmeisolierstoffe mit zunehmender Temperatur zunimmt, bestätigt. Für Baustoffe wird ein gleiches Verhalten gefunden.

Im ersten Teil werden die Wärmeleitzahlen einer Reihe von Baustoffen und Wärmeisolierstoffen angegeben, sowie bei Flußsand auf den Einfluß der Feuchtigkeit und bei rheinischem Bimskies auf den Einfluß der Korngröße auf die Wärmeleitfähigkeit hingewiesen.

Im zweiten Teil werden die Wärmeleitzahlen einiger Isolierstoffe bei tiefen Temperaturen bis zur Temperatur der flüssigen Luft bestimmt; zugleich wird für Asbest der Einfluß der Pressung auf die Wärmeleitfähigkeit untersucht.

Sonderabdrücke

aus der Zeitschrift des Vereines deutscher Ingenieure,

die in folgende Fachgebiete eingeordnet sind:

1. Bagger.
2. Bergbau (einschl. Förderung und Wasserhaltung).
3. Brücken- und Eisenbau (einschl. Behälter).
4. Dampfkessel (einschl. Feuerungen, Schornsteine, Vorwärmer, Überhitzer).
5. Dampfmaschinen (einschl. Abwärmekraftmaschinen, Lokomobilen).
6. Dampfturbinen.
7. Eisenbahnbetriebsmittel.
8. Eisenbahnen (einschl. Elektrische Bahnen).
9. Eisenhüttenwesen (einschl. Gießerei).
10. Elektrische Krafterzeugung und -verteilung.
11. Elektrotechnik (Theorie, Motoren usw.).
12. Fabrikanlagen und Werkstatteinrichtungen.
13. Faserstoffindustrie.
14. Gebläse (einschl. Kompressoren, Ventilatoren).
15. Gesundheitsingenieurwesen (Heizung, Lüftung, Beleuchtung, Wasserversorgung und Abwässerung).
16. Hebezeuge (einschl. Aufzüge).
17. Kondensations- und Kühlanlagen.
18. Kraftwagen und Kraftboote.
19. Lager- und Ladevorrichtungen (einschl. Bagger).
20. Luftschiffahrt.
21. Maschinenteile.
22. Materialkunde.
23. Mechanik.
24. Metall- und Holzbearbeitung (Werkzeugmaschinen).
25. Pumpen (einschl. Feuerspritzen und Strahlapparate).
26. Schiffs- und Seewesen.
27. Verbrennungskraftmaschinen (einschl. Generatoren).
28. Wasserkraftmaschinen.
29. Wasserbau (einschl. Eisbrecher).
30. Meßgeräte.

Einzelbestellungen auf diese Sonderabdrücke werden gegen Voreinsendung des in der Zeitschrift als Fußnote zur Überschrift des betr. Aufsatzes bekannt gegebenen Betrages ausgeführt.

Vorausbestellungen auf sämtliche Sonderabdrücke der vom Besteller ausgewählten Fachgebiete können in der Weise geschehen, daß ein Betrag von etwa 5 bis 10 M eingesandt wird, bis zu dessen Erschöpfung die in Frage kommenden Aufsätze regelmäßig geliefert werden.

Zeitschriftenschau.

Vierteljahrsausgabe der in der Zeitschrift des Vereines deutscher Ingenieure erschienenen Veröffentlichungen 1898 bis 1910.
Preis bei portofreier Lieferung für den Jahrgang
3,— ℳ für Mitglieder.   10,— ℳ für Nichtmitglieder.

Seit Anfang 1911 werden von der Zeitschriftenschau der einzelnen Hefte einseitig bedruckte gummierte Abzüge angefertigt.
Der Jahrgang kostet
2,— ℳ für Mitglieder.   4,— ℳ für Nichtmitglieder.
Portozuschlag für Lieferung nach dem Ausland 50 Pfg für den Jahrgang. Bestellungen, die nur gegen vorherige Einsendung des Betrages ausgeführt werden, sind an die **Redaktion der Zeitschrift des Vereines deutscher Ingenieure, Berlin NW., Charlottenstraße 43** zu richten.

Mitgliederverzeichnis d. Vereines deutscher Ingenieure.

Preis 2,50 ℳ. Das Verzeichnis enthält die Adressen sämtlicher Mitglieder sowie ausführliche Angaben über die Arbeiten des Vereines.

Bezugsquellen.

Zusammengestellt aus dem Anzeigenteil der Zeitschrift des Vereines deutscher Ingenieure. Das Verzeichnis erscheint zweimal jährlich in einer Auflage von 35 bis 40000 Stück. Es enthält in deutsch, englisch, französisch, italienisch und spanisch ein alphabetisches und ein nach Fachgruppen geordnetes Adressenverzeichnis. Das Bezugsquellenverzeichnis wird auf Wunsch kostenlos abgegeben.